나의
정원 여행

나의 정원 여행

니콜라스 졸리보 지음
박언주 옮김

Bronte salon

검은머리딱새
Phoenicurus ochruros
대나무
Bambusa vulgaris

정원에 관한 나의 가장 오래된 기억은 아주 어린 시절로 거슬러 올라간다. 서너 살 때쯤, 활짝 핀 메꽃을 마주한 적이 있었다. 흐린 날이었다. 짙은 초록 담쟁이로 뒤덮인 담 아래에 피어 있던 꽃은 유난히 돋보였다. 나는 그 꽃부리의 심플한 아름다움에 매혹되었고, 그 순간 그 꽃은 내게 최초의 미학적 충격으로 다가왔다. 벌어진 입술처럼 생긴 꽃봉오리를 통해 나에게 어떤 비밀을 알려주려는 것만 같았다.

평범한 꽃 한 송이가 나를 그토록 감동시킬 수 있다면, 수없이 많은 다른 사소한 것들도 나에게 위안이 될 수 있을 것 같은 예감이 든다. 바라보기만 해도 강렬한 기쁨을 느낄 수 있다면, 나는 정원, 길거리, 그보다 훨씬 더 먼 곳, 그 어디에나 눈길을 주려고 한다. 내 시야의 범위를 내 고향 마을, 그다음에는 지구 전체로 넓혀나갈 참이다.

2019년 2월, 또다시 중국 여행을 끝내고 돌아온 나는 내 여행이 한계치에 도달했다는 걸 직감했다. 나는 30여 년의 시간 동안 특별한 근심이나 걱정 없이 나의 즐거움을 위하여 전 세계를 여행하는, 분에 넘치는 행운을 누려왔다. 그런 놀이는 그만해야 할 때가 온 것 같았다. 사실, 산 넘고 물 건너 다니는 것보다 한곳에 정착해서 할 수 있는 일을 하고 싶었다. 나는 동식물의 이름도 거의 알지 못했고, 구별할 수 있는 새의 노랫소리도 누구나 아는 서너 종류밖에 없었다. 해가 지나면서 점점 딴생각이 많아졌고, 결국 다음번 여행지를 더는 상상하지 않게 되었다.

이듬해 5월, 나는 나의 정원에 집중하기 시작했다. 정원 안에 있는 모든 것들의 목록을 만들기로 했기 때문이다. 몇 개월에 걸친 조사 끝에 내가 깨달은 것은, 끊임없이 움직이는 자연과 무궁무진한 미세 생명들을 하나의 목록으로 정리한다는 것이 얼마나 허망한 일인가 하는 것이다. 꼼꼼히 들여다볼라치면 하나의 정원도 중국만큼이나 거대하다는 것을 알게 된 것이다.

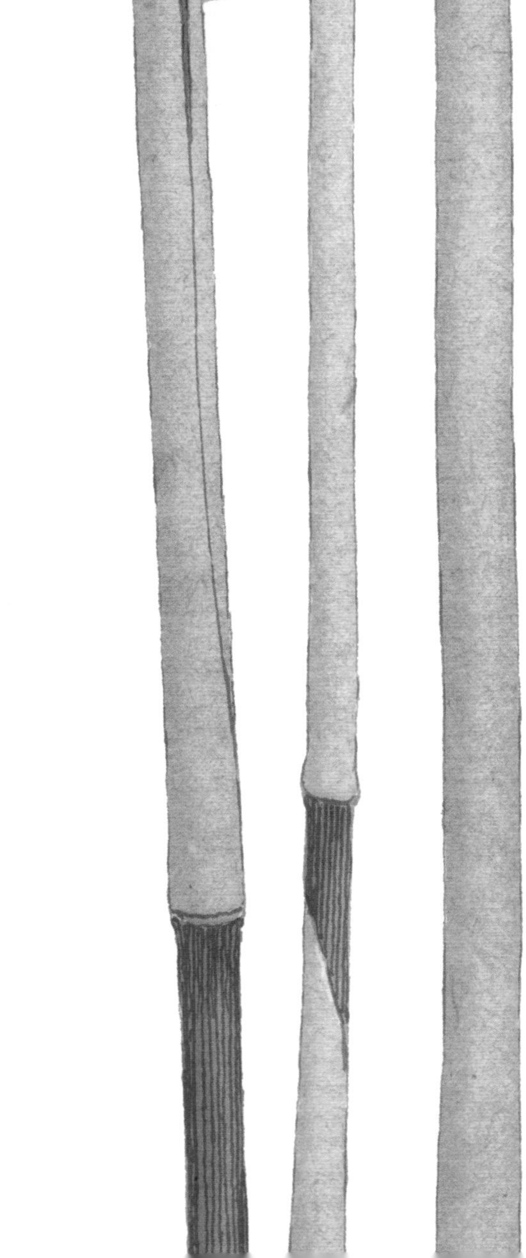

나는 좀 더 합리적인 목표를 정하기로 했다. 2년 동안 매일, 거의 매시간 나의 정원을 둘러보기로 한 것이다. 이 일종의 자발적 격리는 이따금, 견뎌내야 하는 고립의 시간이 되기도 했다. 그럴 때면 이 $300m^2$의 정원은 드넓은 천국으로 탈바꿈했다.

곤충을 관찰하기 위해 네발로 기는 기술을 구사하거나 새들을 관찰하기 위해 오랫동안 정원 구석에 숨어 있을 때만 해도, 나는 각자가 자기 정원에서 무엇을 할 수 있는지, 정원이 없다면 공원이나 숲에서 무엇을 할 수 있는지에 대해 다른 사람들과 공유할 생각은 전혀 하지 못했다. 게다가 나는 식물학자도 곤충학자도 아니다. 그저 화가 뒤러(Dürer)가 뛰어난 재주로 그려낸 수채화 『커다란 잔디』를 보면서 나의 그림 그리기 능력에 대해 의심을 키우는 사람일 뿐이다.

하지만 생각지도 못한 일들이 잇따르면서 나는 이 특별한 정원을 맡게 되었고, 더 깊이 알아가게 되었다. 이 정원은 우리 집안 대대로 전해지는 유산이었다. 이제는 내가 맡기 바로 전까지 이곳을 관리했던 사람들도 알게 되었고, 정원은 내 몸 같은 존재가 되었다. 요즘 같은 빠른 변화의 시대에 대대로 내려온 정원을 맡는 일은 드문 일이다. 이러한 특수성도 나의 기록 속에 함께 남겨 들려주고자 했다.

이제 인생의 가을로 접어들고 있는 나는, 지금도 메꽃이 세상에서 가장 아름다운 것 중 하나라고 생각한다. 2년 동안 메꽃이 피는 날이면 매일 거기에 귀 기울였다. 그 꽃이 오래전부터 내게 말하려고 했던 것이 무엇인지 깨닫게 되리라는 걸 믿어 의심치 않았다. 그리고 마침내 꽃의 속삭임을 들었다.

일러두기

◆
이 녹색 표시는
야생식물이라는 뜻이다.
이 식물들이 나의 정원 안에
터를 잡는 데 사람의 도움이
필요 없었다는 의미이다.

❊

내가 그린 야생식물과 이름만으로
그것을 식별하기는 충분하지 않다.
어떤 식물인지 잘 알아보지 않고
먹으면 절대 안 된다.

❊

동식물의 명칭 아래에
학명을 따로 표기하여
단어의 시적 분위기를
살리고자 하였다.

헤이즐넛 껍질

❊

수집된 깃털
비둘기 비행 깃털
까마귀 깃털
비둘기 꽁지깃

오목눈이

Aegithalos caudatus

무화과나무 가지 위에
앉아 있다.

콘샐러드

Valerianella locusta

잡초 뽑는 데 신경 쓰느라
콘샐러드의 절반 정도는 그냥
내버려 두었더니 스스로
싹이 트고 씨를 퍼뜨렸다. 콘샐러드가
매년 같은 장소에 자라나서
맛있는 겨울 샐러드를 제공해 준다.

제일 가까운 호두나무가
200m나 떨어져 있는데도
까마귀가 옮겨다 준 호두 껍데기가
어김없이 눈에 띈다.

1월

오늘 아침, 잔뜩 찌푸린 하늘 밑에서 능소화 가지들을 잘라내고, 작년에 자란 줄기들은 다발로 묶어 오두막에 모아두었다. 이번 여름에 바비큐용 땔감으로 사용할 참이다. 이런 단순 반복 작업을 할 때는 장-노엘이 큰 위안이 된다. 지난달에 돌아온 장은 내가 정원으로 내려오기가 무섭게 내 옷자락을 물고 늘어져 떨어지지 않는다. 나를 쳐다보는 눈길과 목덜미와 가슴팍의 붉은 반점으로 나는 장을 알아보았다. 이 아이는 정원을 전혀 낯설어하지 않는다!

겨울이면 나타나기 때문에 서로 아는 사이인데다, 원래 명사 두 개가 합쳐진 이름(후즈-고흐즈 rouge-gorge, 프랑스어로 울새: 역자 주)이라 난 이 울새에게 '장-노엘'이라는 이름을 붙여주었다.

울새가 자기 영역을 철저히 지키는 특성은 울새 수컷이 접근하는 것도 막을 정도이다. 뿐만 아니라 부엌 창문가에 빵부스러기가 있다는 것을 알고 있으면서도 내가 땅을 헤집어 지렁이 한 마리라도 잡아낼 때는 잊지 않고 날아와 내 반바지를 비비며 친한 척을 한다.

꼬까울새
Erithacus rubecula
(이름 : 장-노엘)

수국

Hydrangea macrophylla

마른 꽃송이 안으로
녹색 노린재들이 들어와 겨울을 난다.
이 곤충들은 겨울 동안 시의적절하게
몸의 색깔을 바꾸거나 갈색이 도는
구릿빛을 띠는 능력을 갖추고 있다.
철 지난 꽃송이 바로 옆에서 봄꽃들이
조심스럽게 피어나기 시작한다.

원산초

(크리스마스 장미)

Helleborus niger

적갈색과 갈색 바탕 위의 노란색 점들은 다른 모든 것을 자기들의 빛깔로 흡수해버리는데, 겨울재스민의 노란색이 특히 그렇다. 이 꽃을 정원에서 키울 수 있게 된 것은 로버트 포춘(Robert Fortune)이라는 저명한 식물학자가 1844년 중국에서 '봄을 환영하는 꽃'이라는 뜻의 영춘화(迎春化)를 들여오면서부터이다. 내 정원의 경우, 우리 지역의 녹지 담당 부서의 친절한 담당자가 내게 사과의 의미로 가져다준 것이다.

15년 전, 나는 덩굴 식물이 거리의 주택가를 따라 자라게 하려고 애를 썼는데 마음대로 되지 않았다. 그랬더니 시 당국에서 제초제를 뿌려 모조리 죽여버렸다. 그 후 관련 부서에서는 자기들의 실수를 인정하고 내게 이 재스민을 선물했고, 나는 진심으로 감동했다.

나는 재스민을 내 정원에 심었다. 만약 주택가에 심었다면 교통을 방해할 뻔했다. 시청은 2016년부터 더는 제초제를 뿌리지 않는다. 가끔 토치를 이용해 잡초나 엉겅퀴를 태우는 정도이다. 그 결과, 이제는 거리 곳곳에 녹색지대들이 조그맣게 자리를 잡고 있다.

◆ **작은땅빈대**
Euphorbia peplus
가장 흔히 볼 수 있는 야생식물의 하나. 줄기를 잘랐을 때 하얀 즙액이 나오는 것으로 구분할 수 있다.

◆ **유포르비아**
(대극)
Euphorbia lathyris

겨울재스민
Jasminum nudiflorum
이파리보다 꽃이 먼저 핀다. 향기 없는 이 재스민은 원산지 중의 하나인 중국에서 매화, 동백, 수선화와 더불어 '눈(雪)의 네 친구'로 불린다.

돌부채속

Bergenia cordifolia

화려하지 않고 소박한 돌부채속은
겨울에 꽃이 피는 정원의 다른 식물들에 비해
추위도 더위도 잘 타지 않는다. 여름이면
그 두꺼운 이파리 아래로 달팽이들이
더위를 피해 모여든다.

튤립이 올라오고, 장미나무의
새 이파리들이 벌써 자라고 있다.

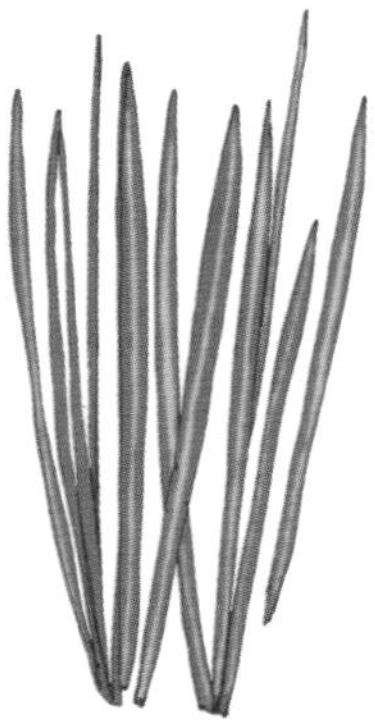

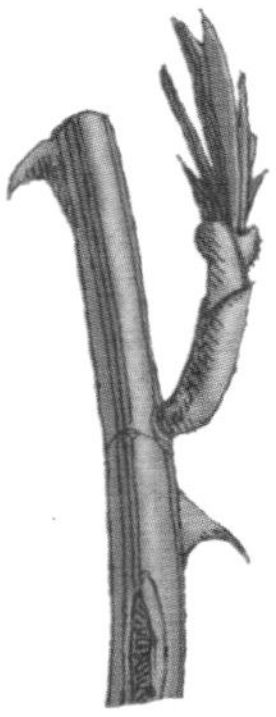

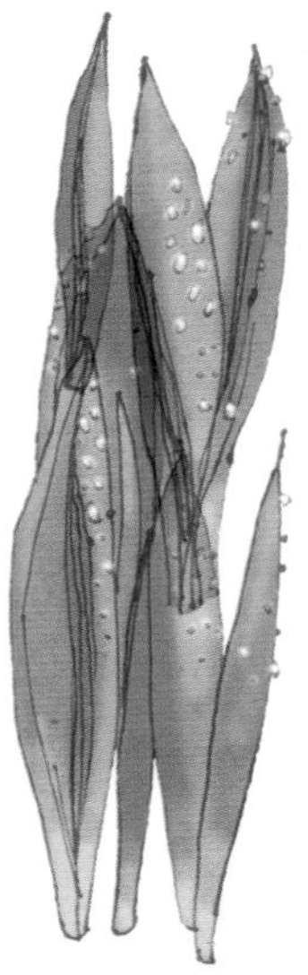

올해 1월은 흐린 날씨에 온화하면서 습하다. 일기예보에서도 '예년에 비해 크게 높은 기온'이라고 한다. 정원 내의 환경은 최근 몇 년 동안 늘 그러했다. 그렇게 보면 속담이라는 것도 이제는 별 의미가 없다. '성탄절은 발코니에서, 부활절은 난롯가에서'라는 말은 '성탄절은 발코니에서, 부활절도 발코니에서'라고 바꿔야 할 듯하다. 더욱이 굴뚝에 연기 피우는 것을 금지하는 분위기이고, 불을 피워 난방한다는 것은 거의 불가능해 보인다. 그런데도 나는 아직도 정원의 나뭇가지들로 모닥불을 피운다. 구멍이 덜 뚫린 밤송이의 탁탁 튀는 소리 때문에 불시에 중단되곤 하지만, 춤추는 불꽃을 휴대폰이 아닌 실물로 바라보던 선조들의 행복과 불그스름한 숯불을 바라보며 빠져드는 몽상을 포기한다는 것은 결코 상상할 수 없는 일이기 때문이다.

예전에는 "성 세바스티안 축일(1월 20일: 역자 주)에 얼음이 얼면, 나쁜 잡초가 다시는 나지 않는다."라고 했다. 1월에 얼음이 얼지 않는 것이 오히려 이상하다는 것은 차치하더라도, 이제는 성 세바스티안 축일이 언제인지 아는 사람도 없다. 내가 마지막으로 특정 날짜 위에 누군가의 이름을 써 두었던 것은 우체국 달력을 계속 구입하던 시절이었다. 달력은 늘 같은 자리, 부엌 찬장 측면에 걸려 있었다. 우체부가 방문하여 쿠션 위의 새끼 고양이들이나 몽생미셸 전경이 표지에 찍힌 달력을 사라고 권하는 일도 없고, 내 하루하루가 컴퓨터 속 다이어리의 하얀 빈칸들로 변해버린 지금, 나는 바이올렛 축일(10월 5일: 역자 주)이나 히아신스 축일이 언제인지도 모른다.

해가 지날수록 예전의 그 소소하고 잡다한 일상들이 더욱 그리워진다. 나이가 들면서 복고주의자가 되고 있다는 증거이다. 별로 특별한 일은 아니다. 겨울의 경이로움과 때 이른 동백꽃의 그 비현실적인 우아함을 그리는 시간 동안의 황홀함을 경험하려면 앞으로도 오랜 시간이 필요할 것이기 때문이다.

일본동백

Camelia japonica

동백을 가장 먼저 기른 곳은
19세기 앙제와 낭트 지역의
루아르강 강가 정원이었다.
종자는 일본으로부터
영국을 거쳐 들어와
최초로 묘목으로 재배되었다.

굴뚝새

Troglodytes troglodytes

정원에서 제일 작은 새.
빠른 속도로 깡총깡총 뛰어다니고,
거의 항상 세우고 있는 꼬리가
특징이다.

푸른머리되새

Fringilla coelebs

사나움! 며칠 전부터 정원 깊숙한 곳에서
지저귀는 소리만 들린다.
하지만 내가 다가가면 반대편으로 후다닥
날아가 버린다. 그날, 작업실 창문을 통해
겁 없이 집 가까이 다가와 있는 모습을
잠깐 볼 수 있었다.

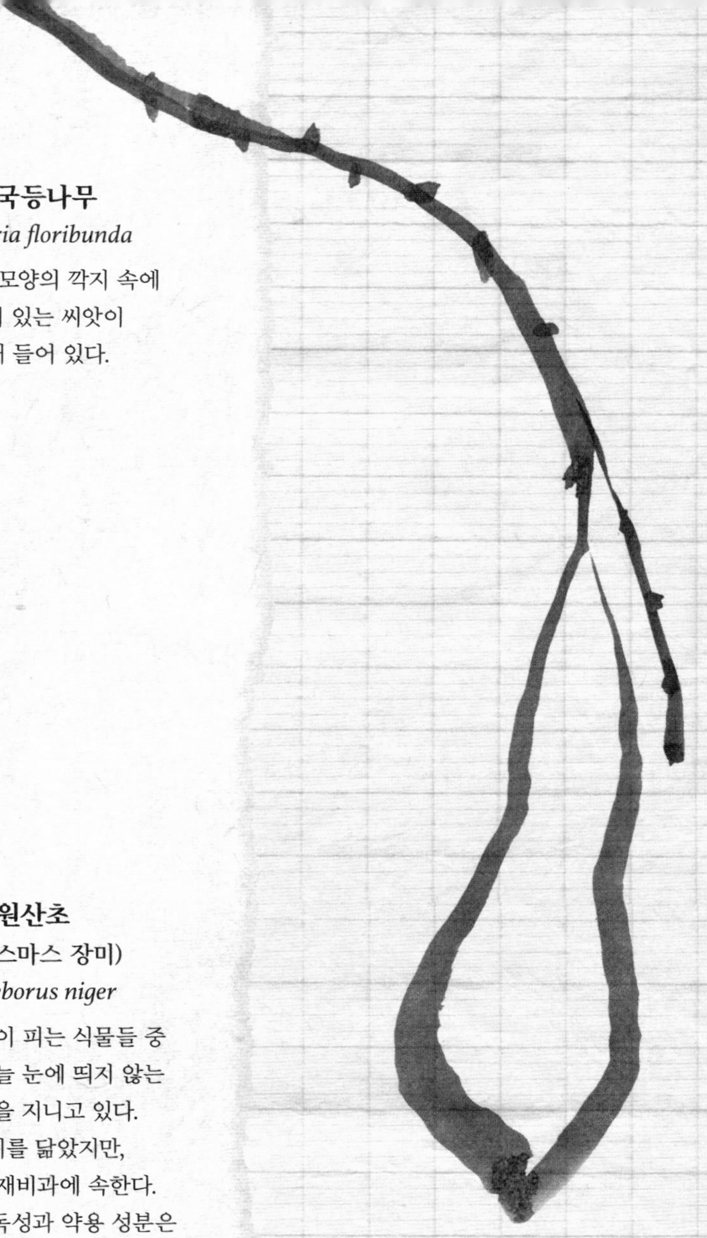

중국등나무

Wisteria floribunda

비스듬한 모양의 깍지 속에
독성이 있는 씨앗이
몇 개 들어 있다.

원산초

(크리스마스 장미)

Helleborus niger

겨울에 꽃이 피는 식물들 중
원산초는 늘 눈에 띄지 않는
소박함을 지니고 있다.
들장미를 닮았지만,
미나리아재비과에 속한다.
이 식물의 독성과 약용 성분은
정신착란을 완화시키는 효능이
있다고 한다. 라퐁텐의 우화
《토끼와 거북이》에는 토끼가
거북이에게 이 씨앗 네 개를
먹고 속을 비우라고 가르쳐 주며
놀리는 장면이 나온다.

◆ **우단담배풀**

(모예화)

Verbascum thapsus

이 2년생 식물은 솜털이 잔뜩
난 이파리들이 벌써 자랐다.
그 보송보송함 때문에
빗방울들이 잘 맺힌다.
봄이 되면 키가 큰 노란색
꽃자루가 자라날 것이다.

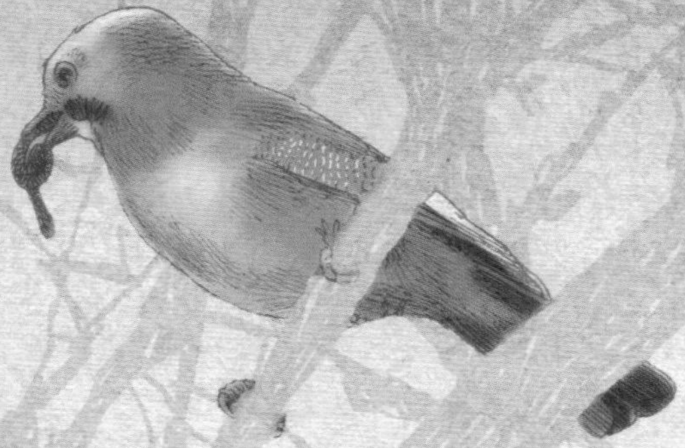

유라시아어치
Garrulus glandarius

뾰족민달팽이
Deroceras reticulatum

지네
Myriapode
classe des Chilopodes

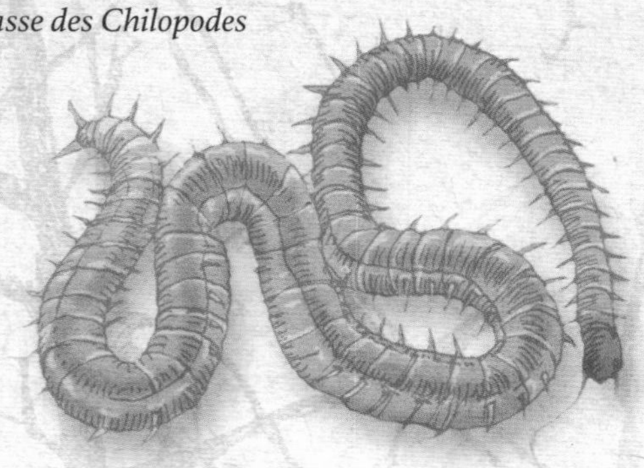

오늘 아침 나는 자두나무 꼭대기에 앉아 있는 새 한 마리를 잠깐 볼 기회가 있었다. 매년 겨울, 두세 번밖에 보지 못하던 어치였다. 지렁이 한 마리를 잡아 문 채 잠시 숨을 돌리고는 다시 날아가 버렸다. 늘 그렇지는 않겠지만, 잠시 들렀다가는 이 새는 항상 같은 장소에 머무르곤 한다.

성 세바스티안 축일에 얼음이 얼면 나쁜 잡초는 다시 나지 않을 거라는 말대로라면 이곳 정원의 사정도 마찬가지일 것이다. 지난밤 내린 눈은 부드러워서 연못에 닿기도 전에 지붕 위에 하얗게 쌓였다. 오늘 아침, 하늘은 청명하고 바람 한 점 없다. 태양은 바다 저편 그늘 속에 눈부신 파편들을 흩뿌리고, 공기는 깨끗하다. 지저귀는 새소리는 수정처럼 맑고, 저 멀리에서 도심의 생활 소음이 들려온다.

나는 기분이 아주 좋다. 지금까지 경험해 본 그 어떤 아침보다 단연 최고인 듯하다. 나는 여러 빛깔이 점점이 흩뿌려진 정원 속으로 미끄러지듯 입장한다. 막 새로 바꾼 깔끔한 침대 시트로 들어가는 것처럼 즐겁다!

◆ **주머니째진귀버섯**
Otidea alutacea

그릇 모양의 특이한 버섯으로 길이가 10cm 정도이다. 라일락꽃 아래의 습한 땅에 주로 자란다.

흑달팽이
(블랙 슬러그)
Arion ater
이 작은 동물은 1.4~1.5cm 이상 크지 않고, 붉은 슬러그보다 훨씬 수가 적다.

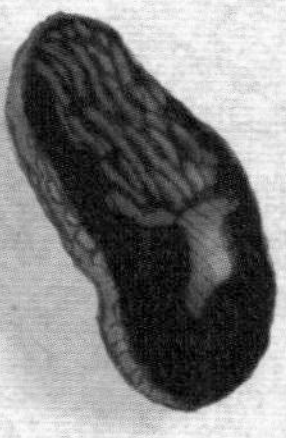

◆ **일반앵초**
Primula vulgaris
10여 년 전부터 정원에 점점 더 많이 자라고 있다. 이 꽃을 이용한 요리가 겨울 식탁에 자주 오른다.

호랑가시나무잎 마호니아
Berberis aquifolium
같은 줄기에 여러 송이 꽃이 한꺼번에 피는 종으로 벌써 싹이 났다.

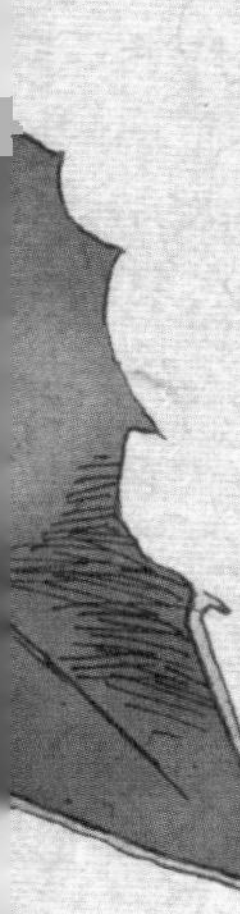

녹색장미풍뎅이
Cetonia aurata

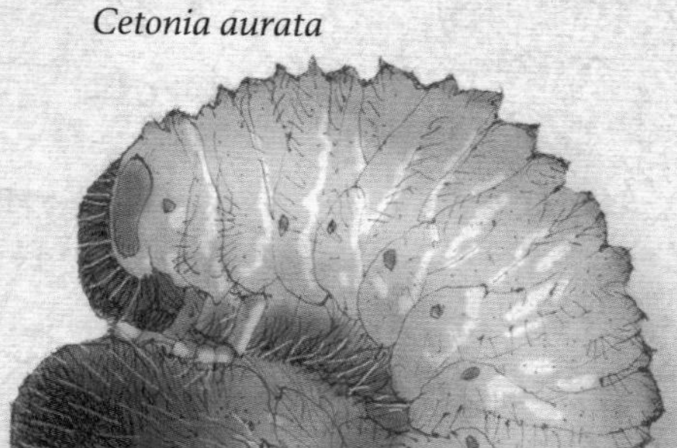

나무딸기와 담쟁이의 뿌리를 걷어내려고 딸기나무 줄기를 파내다 보니 흰 애벌레 몇 마리가 눈에 띄었다. 나는 그것이 채소 뿌리를 다 먹어 치우는 것으로 유명한 풍뎅이의 애벌레라고 생각해왔기 때문에 그 유충들의 3분의 2 정도를 마구 밟아 없애버렸다. 속이 시원하기는 했지만 께름칙한 마음이 아주 없지는 않았고, 벌레 밟히는 소리가 풍선 터지는 소리처럼 들리는 것이 조금은 불편했다.

그 후 그 애벌레들의 대부분이 우리 정원에서 가장 예쁜 벌레인 장미풍뎅이라는 것을 알게 되었다. 여름철에는 너무 많아도 안 되지만, 보석처럼 빛나는 그 녹색 애벌레를 모두 없애는 것이 좋은 일은 아니었다.

나는 해로운 풍뎅이와 장미풍뎅이 애벌레를 머리 모양과 털 그리고 관찰할 때 발견되는 재미있는 몇 가지 특성으로 구별한다. 애벌레를 삽 위에 올려놓았을 때, 등을 깔고 누운 채 발을 공중에서 열심히 버둥거리며 전진하는 쪽이 장미풍뎅이다. 그때는 땅속에 놓아주거나 퇴비 속에 넣어준다. 그냥 풍뎅이와는 반대로, 장미풍뎅이는 죽은 식물만 먹기 때문이다.

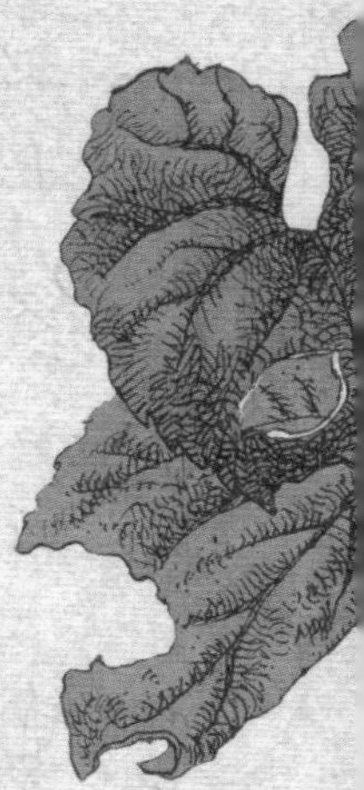

◆ **향기제비꽃**
Viola odorata

1821 시골 정원

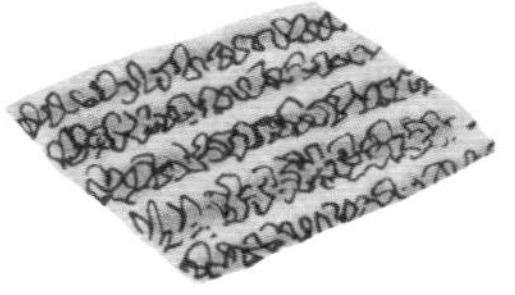

예전에는 나의 정원이 시골에 있었다. 물론 지금과 같은 형태는 아니었다. 하지만 토양의 질이나 자갈들의 생김새, 바다 쪽에서 불어오는 비 덕분에 그 조그만 땅은 어떤 바탕을 갖추게 되었고, 그 특징은 지금도 그대로 유지되고 있다.

'나의 정원'이라고 해서 내 소유라고 보는 것은 무리이다. 이곳은 내가 소유할 땅도 아니고, 내 마음대로 변형시킬 수 있는 것도 아니기 때문이다. 나는 이곳을 물질적 재산으로 생각하지 않는다. '나의 정원'이라고 말하는 것은 내가 이곳에서 보낸 시간들을 모두 모아놓은 곳이라는 의미일 뿐이다. '나의 선생님'이라고 말하는 것과 비슷한 의미이다. 이 정원은 내 선배들의 것이기도 하고, 앞으로 이곳에서 내 뒤를 이어갈 사람들의 것이기도 하다. 하나의 장소는 끝없이 이어지는 장식용 끈 같은 것이고, 좋은 사람들은 그 위에 새겨진 단순한 무늬들일 뿐이다. 나 역시 지구상의 이 작은 한 귀퉁이에 사는 한 명의 문하생, 그 이상도 그 이하도 아니다.

이 정원은 그런 이유로 시골 한 구석에, 그 근처에 사는 사람들 외에는 아무도 모르는 하천 인근에 자리하고 있다. 이 하천이 바로 투에(Thouet)천이다. 하천은 경사가 완만한 골짜기, 포플러 나무들이 자라는 골짜기를 유유히 흐른다. 하천은 오랜 시간 석회질의 토양을 파고 흘렀고, 그 결과 쌓인 많은 침전물들이 그 지역의 자연적 형태를 빚어냈다. 그 후로도 남몰래 몇 킬로미터를 더 흘러간 이 지류천은 루아르(Loire)라는 훨씬 크고 유명한 강을 만나게 된다.

과거에는 이 정원에 아주 오랫동안 과일나무와 포도나무를 심어 현지 와인(그리 유명하지는 않지만)을 생산하곤 했다. 1825년 최초의 토지대장을 보면 농지구획과 함께 등기부임을 알려주는 숫자들이 펜글씨로 씌어 있다. 이곳의 땅들은 강으로 흘러가는 지표수의 자연스러운 흐름에 따라 형성되었기 때문에 형태가 길쭉길쭉하다. 나의 정원은 이미 법적으로 인정받은 토지이며 44섹션 016B로 구획이 정해져 있다.

겨울에 포도송이에서 알맹이가 떨어지고 나면, 남는 건'뼈대' 즉 꽃자루와 꽃꼭지밖에 없다.

정원에 있는 자갈과 조약돌

호랑가시나무

Ilex aquifolium

숲으로 소풍을 나가면
작은 호랑가시나무 한 그루를
정원으로 가져오곤 했다.
겨울이면 그 붉은색 열매가
정원을 환하게 밝혀줄 것이라는
기대 때문이었다. 그런데 나는 이것이
다른 많은 식물들처럼
암수딴그루라는 것을 몰랐다.
열매를 맺으려면 최소한
수컷 한 그루와 암컷 한 그루가
필요했던 것이다.
다 자란 내 홀리에게
짝을 지워주는 것이
다음번 소풍의 목표이다.

달팽이의 빈 껍데기

2월

최근 몇 년 동안의 겨울은 확실히 너무 따뜻하다. 2월인데도 섭씨 12도의 기온 덕분에 자두꽃이 벌써 개화하기 시작했다. 하지만 결과는 기대대로 흘러가지 않았다. 어제 정오부터 바람이 불기 시작하더니 오후가 되어 더 강해졌고 밤에는 급기야 폭풍우로 변했다. 폭풍우는 벽을 타고 오르는 장미나무를 후려갈겼고, 대나무 이파리들은 알루미늄 호일 구기는 소리 속에서 서로 싸우며 난리법석을 떠는 물고기들이 떼 지어 몰려다니는 그런 모습이었다. 외풍으로 출입문이 들썩거렸고, 바람이 굴뚝을 타고 들어와 윙윙거렸으며, 덧창들도 덜컹거렸다. 깨새들은 담장의 빗물받이 홈통 아래 패인 구멍 속으로 숨어들었고, 티티새들은 흔들리는 커다란 월계수 나무 깊숙이 숨었다. 하지만 바깥쪽 나뭇잎들이 바람에 날리면서 안쪽이 훤하게 드러나고 있었다. 오늘 아침, 바람은 잦아들었지만 오후에 다시 불어 닥치면서 모두 넌덜머리가 날 지경이었다.

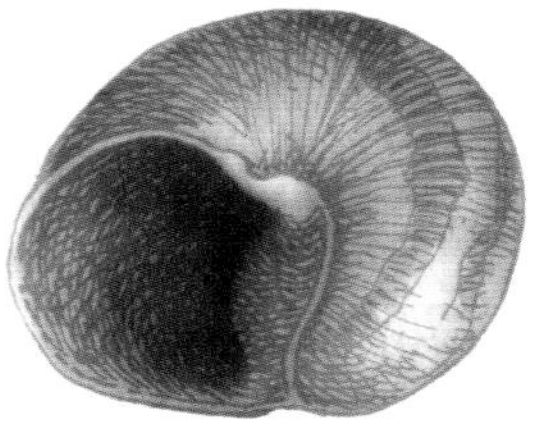

자엽자두나무
(피자두나무)
Prunus cerasifera

히아신스
Hyacinthus orientalis

2월 4일, 별 주목을 받지 못하고 넘어가버린 뉴스가 하나 있다. 토마토가 신종 바이러스의 공격을 받았다는 것이다. TOBRFV(토마토 브라운 루고스 바이러스)라는 이 바이러스는 6년 전부터 전 세계의 농작물을 감염시키고 있으며, 보건당국에 따르면 프랑스도 감염 위험이 있다고 한다. 나는 이 뉴스가 왜 이제야 보도되는지 잘 이해가 되지 않는다. 이제 곧 파종을 해야 하기 때문이다(나도 이번 주에 작업실 창문 뒤에 토마토 못자리를 마련해두었다). 이파리의 기형이나 변색, 열매의 거칠거칠함을 확인하기에는 아직 좀 이르다!

이 뉴스는 온실에서 일 년 내내 토마토를 재배하는 기업형 경작농들에게만 적용되는 것이 분명하다. 명확한 인과관계는 없을지 모르지만, 그에 앞서 진짜 땅에서 자라는 제철 과일만을 먹고자 노력한다면….

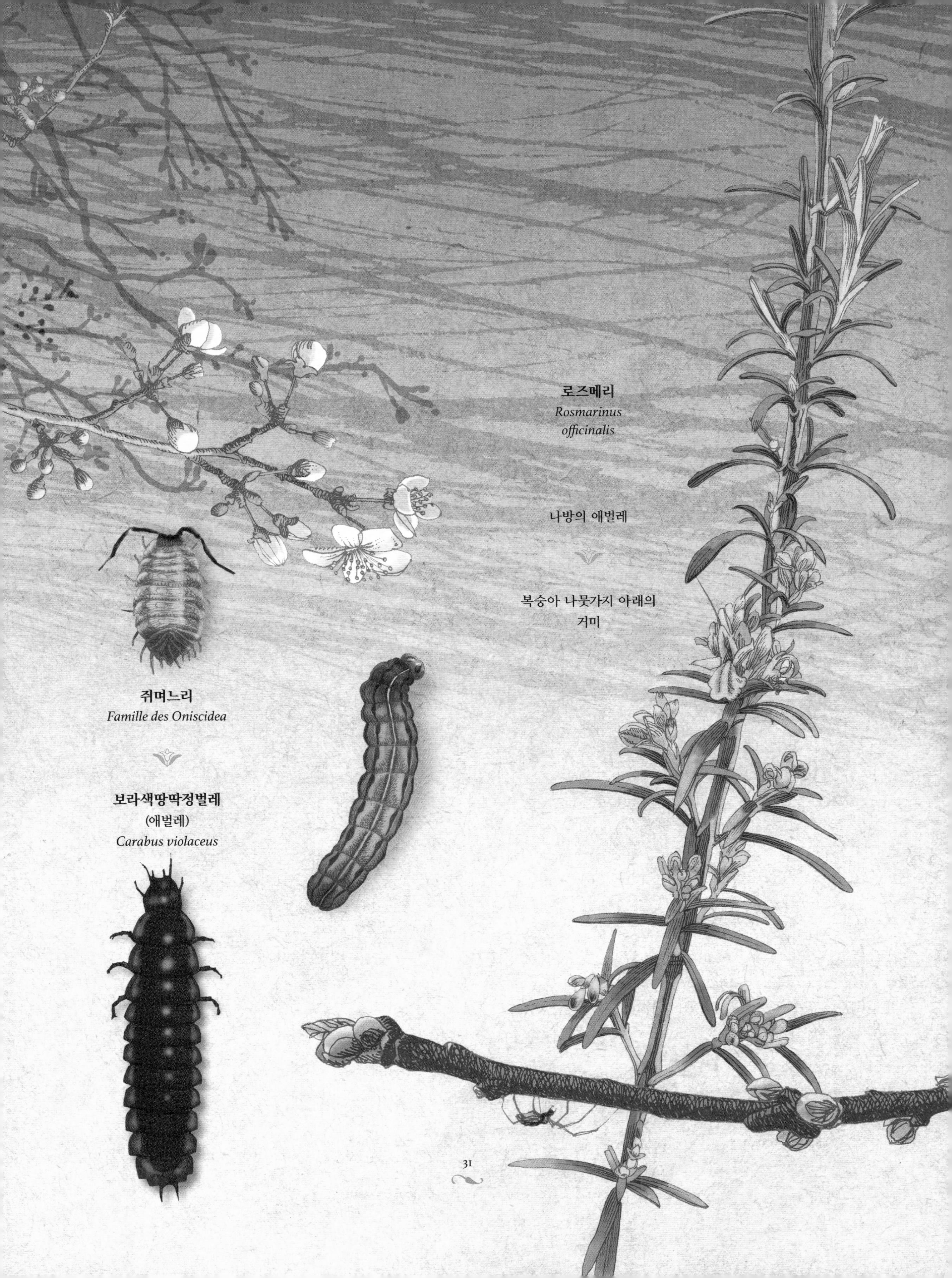
로즈메리
Rosmarinus officinalis
나방의 애벌레
복숭아 나뭇가지 아래의 거미
쥐며느리
Famille des Oniscidea
보라색땅딱정벌레
(애벌레)
Carabus violaceus

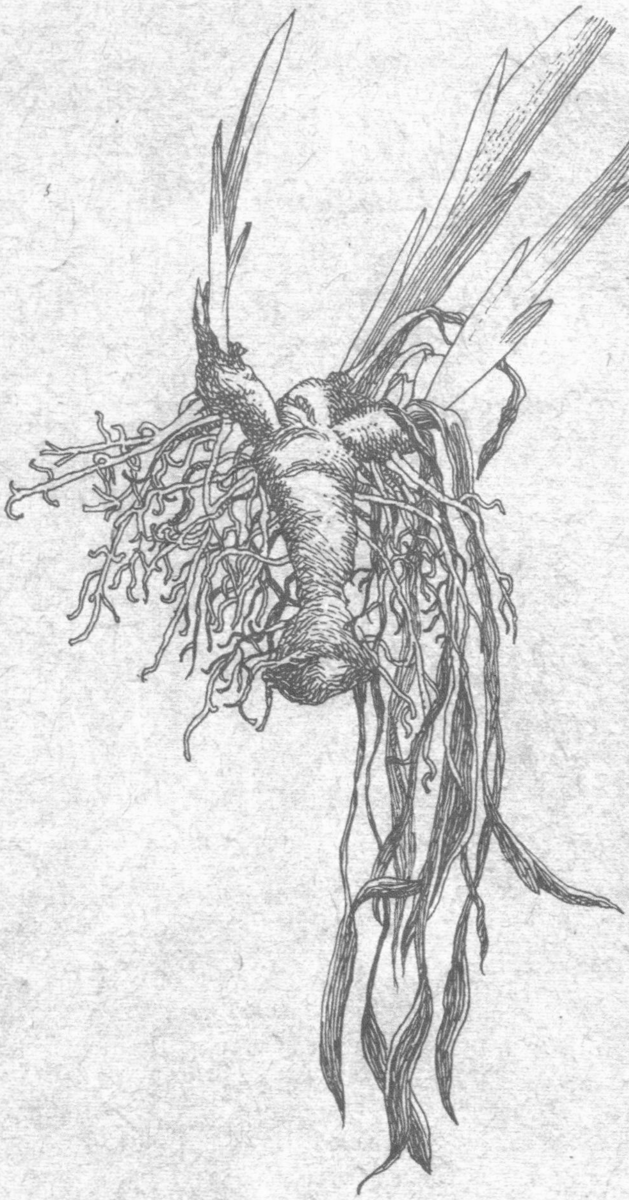

독일붓꽃
Iris germanica

날씨가 너무 따뜻하여 오히려 실망이다. 화창한 이른 아침, 새하얀 눈밭에 내 첫발자국을 남길 수 있는 날은 언제 올까? 붓꽃은 꽃을 피우기 시작한다. 제일 먼저 피기 시작하는 꽃의 가냘프고 연약한 꽃잎은 어제 폭풍우 데니스로 인해 찢어져 버렸다.

이 전형적인 붓꽃은 주변의 시골에서 가져왔다. 버려진 물레방아 위에서 꽃의 뿌리줄기를 뿌리째 뽑아 온 것이다. 물레방아 '위'라고 한 이유는, 이 고장의 물레방아들이 좀 특이해서 흙을 둥글게 쌓은 아치형 더미 위에 서 있기 때문이다. 예전에는 방앗간 주인들이 이 흙을 한 자리에 고정시켜 빗물을 최대한 퍼 올리기 위해 흙 위에 붓꽃들을 심었다고 한다. 나는 이 물레방아를 사들여 원래대로 복원하려는 생각도 했었지만, 화가의 몇 푼 안 되는 수입으로는 불가능했다. 그래서 붓꽃을 몇 그루 옮겨다 심었다. 부분을 통해 전체를 생각하는 한 가지 방식이다.

2월 3일 **2월 5일** **2월 12일**

2월 16일

2월 25일

나리딱정벌레가 벌써 흰나리 이파리 위를 돌아다니고 있다. 나는 이 문제의 곤충에 대해 잘 알고 있다. 이 벌레는 항상 이 꽃 위에만 산다. 매년 봄이 되면 스무 마리 정도를 붙잡아 엄지와 검지 손가락으로 꽉 집어 든다. 그러면 오렌지색 즙 같은 것이 흘러나와 매번 바지에 닦곤 한다. 매년 똑같이 스무 마리 정도가 잡힌다. 이 벌레들은 말하자면… 좀 영악하다. 그 많은 빈대도 반응을 보이지 않거나 꽃잎 아래로 도망가는 척하다 잡히는데, 이 딱정벌레들은 다가오는 사람 손을 피하고자 효과적인 방어책을 구사한다. 넘어지는 척하는 것이다. 변변찮은 앞날개로 날아가려고 애쓰지도 않고, 그냥 바닥에 툭 떨어져 풀 속으로 도망가 버린다. 더 영악한 점은 애벌레 상태에서 자기 배설물을 온몸에 바른다는 것이다. 그렇게 되면 손으로 잡을 생각은 아예 포기하게 되고… 바지에 문질러 닦는 일은 더더욱 없다.

나리딱정벌레
Lilioceris lilii

자엽자두나무, 앵두나무,
복숭아나무의 꽃들

폭풍우 때문에 날아온 자두나무 이파리가 연못에 둥둥 떠다니고, 그 아래 금붕어가 헤엄치고 있다. 중국의 전통 아이코노그래피(iconography; 미술 고대 그리스, 로마 미술의 초상을 연구하는 학문)에서 볼 수 있을 것 같은 풍경!

◆ **봄까치꽃**
Veronica persica

◆ **자주광대나물**
Lamium purpureum

빈카메이저
Vinca major

야외에서 밑동을 하나 뽑아와
옮겨 심었다. 그때부터 그늘에서
그늘로 뿌리줄기를 뻗어가며
마치 자기 의지인 것처럼
정원 안을 이리저리 옮겨 다니고 있다.

유럽찌르레기
Sturnus vulgaris

◆ 라눈쿨루스 피카리아
Ficaria verna

나팔수선화
Narcissus pseudonarcissus

딜
Anethum graveolens

울타리 담장은 동네 고양이들의 널찍한 통행로이다. 담장 아래쪽에 1866년 투에천의 높아진 수위가 표시되어 있는 것을 볼 수 있다. 대가리가 4면으로 만들어진 못도 보인다. 19세기에는 못이 거의 이런 모양이었다.

◆ **분말깔때기지의**
Cladonia fimbriata
이끼

포도 덩굴 줄기

1855
담장이 있는 정원

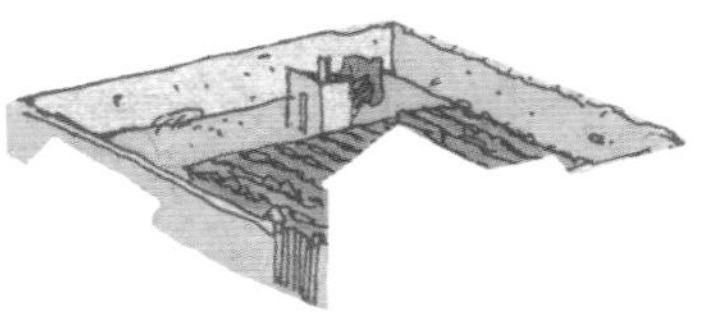

이 정원은 루아르강 강가에 위치한 한 중소 도시와 투에천 상류의 작은 마을 사이에 자리하고 있었다. 이 두 곳을 이어주는 길은 두 개가 있었다. 첫 번째 길은 좀 짧고 강을 따라 나 있었는데, 겨울이면 강의 수위가 높아지는 위험이 있었다. 좀 더 높고 안전하게 왕래할 수 있는 다른 길이 필요했다. 이 두 개의 길은 나란히 뻗어 있었는데, 2km 정도가 자동차 도로로 연결되어 있지 않았기 때문에 시에서 토지 한 구획을 사들여 자동차 도로로 변경시켰다. 이런 식의 개발은 도시 확장 사업과 맞아떨어졌다. 도시를 가로지르는 중앙축이 만들어졌고, 도시의 남쪽 출구 쪽에는 도시형 주택들이 지어지기 시작했다. 우리 정원도 도시에 속하게 되었고, 원래 속해 있던 마을의 영향에서 벗어나게 되었다.

짐수레 두 대가 지나갈 수 있을 만큼 넓은 도로가 뚫리자 건설공사가 좀 더 수월해졌다. 담장 안에 조성된 경작지 안에는 몇 년 걸리지 않아 주택이 여러 채 들어서기 시작했다. 담장이나 울타리 조성은 이 고장 특유의 방식이다. 가공하기 쉬운 이 지역 석회암인 백토는 근처 채석장에서 채굴하여 루아르강과 투에천을 오가는 배로 운반하였다. 이 석회암은 지금도 고지대 도로나 포도밭, 사유지의 담장 조성에 사용되고, 조경 공사에 이용되기도 한다. 이 담장들은 소유권을 구분하는 표시이면서 동시에 서풍과 한파를 막아주고, 도둑의 침입도 막아준다.

나의 정원에도 담장이 둘러졌다. 그 당시 이 땅의 주인은 자크 피네라는 집 짓는 석공이었다. 확실한 기록은 없지만, 그가 포도밭에 처음으로 휴게실을 만든 사람이라고 생각해도 틀리지는 않을 것이다. 포도밭 관리를 위해 일 년에도 여러 차례, 수십 킬로미터를 걷거나 말을 타고 누벼야 하는 사람들이 쉬어 갈 수 있는 휴게실이었다.

◆ **꼬인이이끼**
Tortula muralis

1866 홍수

1278m²에 이르는 땅을 둘러치기 위한 담장이 튼튼하게 만들어졌다. 1300cm²에 가까울 수도 있고, 가로 41m×세로 31m의 직사각형 땅일 수도 있다. 담장을 세우는 기초 토대 공사에는 포도밭 비탈에 노출되어 있는 사암을 섞어 쓴다. 땅을 40cm 이상 파서 사암을 섞어 채운 뒤 그 속에 담장을 단단히 세우는 방식은 상층의 백악질 토양과 땅의 습도를 분리시키기 위한 것이다. 기초 공사를 한 후에는 그 위에 정교하고 단단하게 다듬은 석회암 담장을 사방으로 쌓아 올리는데, 이때 인근 채석장의 불그스름하면서도 황금빛이 도는 모래로 틈을 메워준다. 그다음에는 비 피해를 막기 위해 각 측면이 2cm 이상 되는 갓돌을 씌워준다. 이 돌들은 노란빛을 살짝 띠는 것으로 보아, 강 상류에서 5km 떨어진 경사면에 위치한

채석장에서 온 것으로 추정된다. 이들은 집을 지을 때 사용되는 콘크리트 블록보다 더 큰 사이즈로 잘렸다.

지은 지 10년 만에 담장 경작지는 수백 년 만에 가장 큰 규모의 루아르강 홍수를 겪게 된다. 1866년 10월, 루아르강 강물이 투에천으로 역류하여 재난에 가까운 수위까지 물이 차올랐다. 누군가가 불어난 물의 최고 수위를 담장에 선으로 표시하고 날짜를 써놓았다. 물에 취약한 돌이 많고, 강물의 수위 변화가 심한 이 지역에서는 흔히 있는 일이다. 이 홍수는 앞으로 토양에도 영향을 미치게 될 것이다.

프리틸라리아멜리그리스

Fritillaria meleagris

90년대 말에 도로 아래쪽에 있는,
투에천의 습한 초지에서 프리틸라리아
구근 3개를 가지고 왔는데
매년 꽃을 피워왔다.
그후, 이 식물이 위험종이라는
과학적 연구 결과가 나왔다.
이제는 이 식물의 땅에 묻힌 부분을
캐내는 것이 금지되었고,
꽃도 한 단 이상 따서는 안 된다.

스페니쉬블루벨

Hyacinthoides hispanica

스페니쉬블루벨은 정원을 몽땅
차지하려는 경향을 보인다!

3월

잡초를 뽑고 대황나무 아래에서 괭이로 땅을 고른다. 루바브(대황) 잎들은 동그랗게 뭉쳐놓은 종이공들이 펴지듯 펼쳐진다. 그때 푸른 구슬 하나가 눈에 들어왔다. 괭이질을 잠시 멈추자, 문득 가슴 아픈 기억들이 나를 사로잡았다. 7월의 뜨거운 땅에 구슬치기용 홈으로 파놓았던 도랑이 눈에 들어왔다. 나중에는 쓸모가 없어진 그 도랑에 나는 사이클 선수 프라모델을 하나 넣어두고 투르 드 프랑스(매년 7월 프랑스에서 개최되는 세계 최고 권위의 일주 사이클 대회)에 참가한 선수의 이름을 써놓았었다. 내 구슬들을 바라보며 느꼈던 그 경이로움, 나의 나무색 상자 안에서 서로 부딪힐 때 나던 삐걱삐걱 소리, 그 나무 상자의 냄새까지도 다시 느낄 수 있었다.

흙을 이리저리 뒤적거릴 때마다 지나간 날들의 흔적들을 발견한다. 그저께는 돋보기, 어제는 아이들의 장난감들, 포켓몬 피규어, 플라스틱 공룡. 그때마다 나는 이 흔적들을 땅에 그대로 다시 묻어둔다. 몇 년 후 이들을 다시 만나 겪게 될, 과거를 떠올릴 때의 그 고통에 가까운 기쁨을 위해서 말이다.

포켓몬 크로커다일

리아코의 첫 번째 진화

대황

Rheum rhabarbarum

조팝나무

Spirea x vanhouttei

프리지아

Freesia alba

싹들이 꽃대 위에서
조용히 개화를 기다린다.

로즈메리딱정벌레

Chrysolina americana

이 곤충은 자기 기주식물에 대한
애착이 유난히 강한 특징이 있다.
이 둘은 떼려야 뗄 수 없는
진정한 공생 관계이다.

울새 장-노엘이 한 달 전에 정원을 떠났다. 올겨울이 유난히 따뜻하다 보니 일찍 대자연으로 떠난 것 같다. 그런데 이틀에 걸친 심술 맞은 삭풍으로 기온이 한참 내려가자 장-노엘이 3월 26일에 다시 돌아와 우리 집 주변을 기분 좋게 날아다니고 있다.

꽈리
(새장 속에 갇힌 사랑)
Physalis alkekenji

포도히아신스
Muscari neglectum

이 지역에서, 이 식물은 원래
포도밭에서 야생으로 자란다.
내 정원에서 자라는 몇 송이는
내가 포도밭에서 주워온
구근에서 자라난 것이다.

아시아무당벌레
Harmonia axyridis

진딧물 방제의 목적으로
80년대 말에 아시아에서 들여온
것이다. 당시에는 이 무당벌레가
닥치는 대로 먹어치우며
서양 무당벌레를 공격하게
되리라는 것을 알지 못했다.

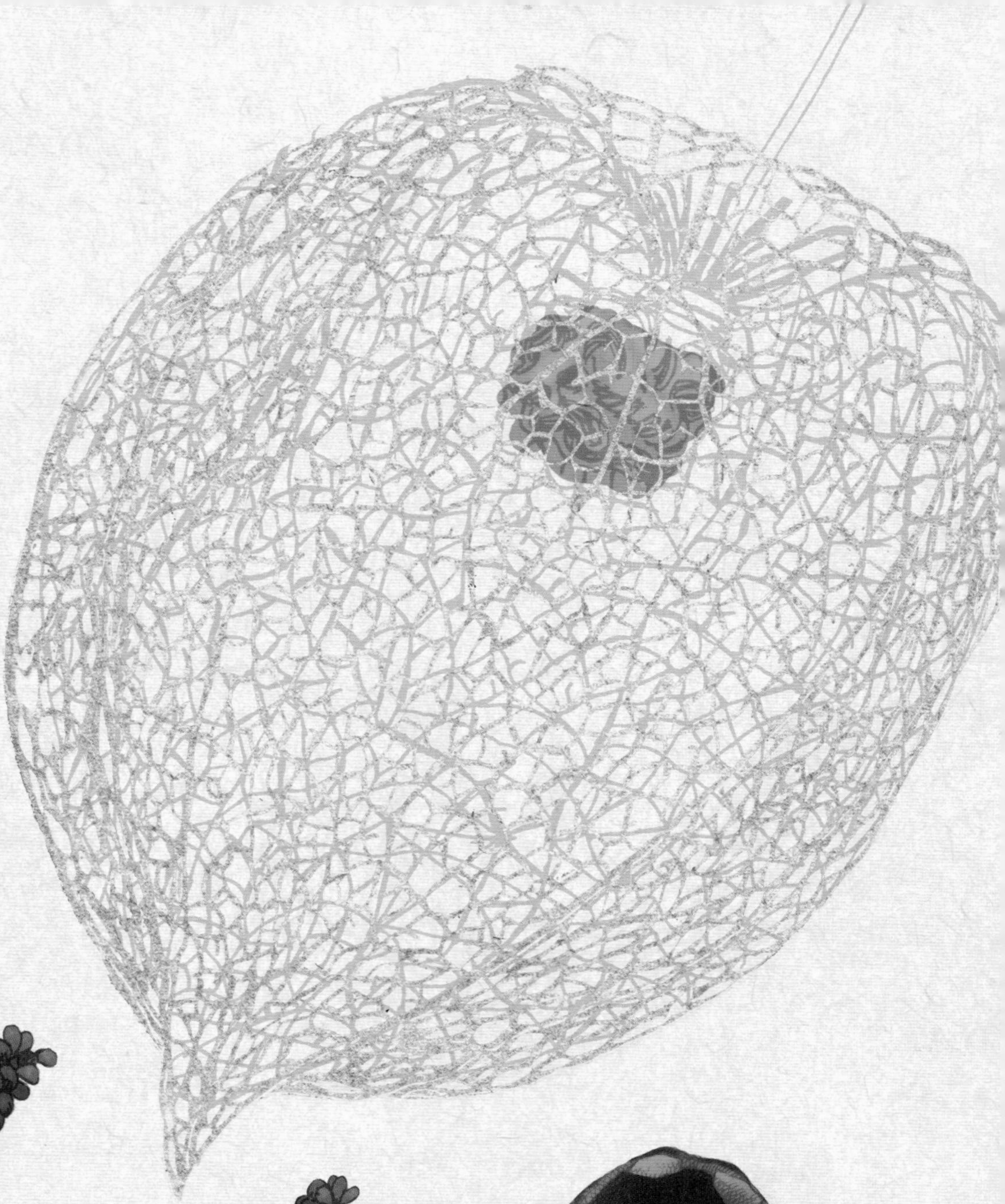

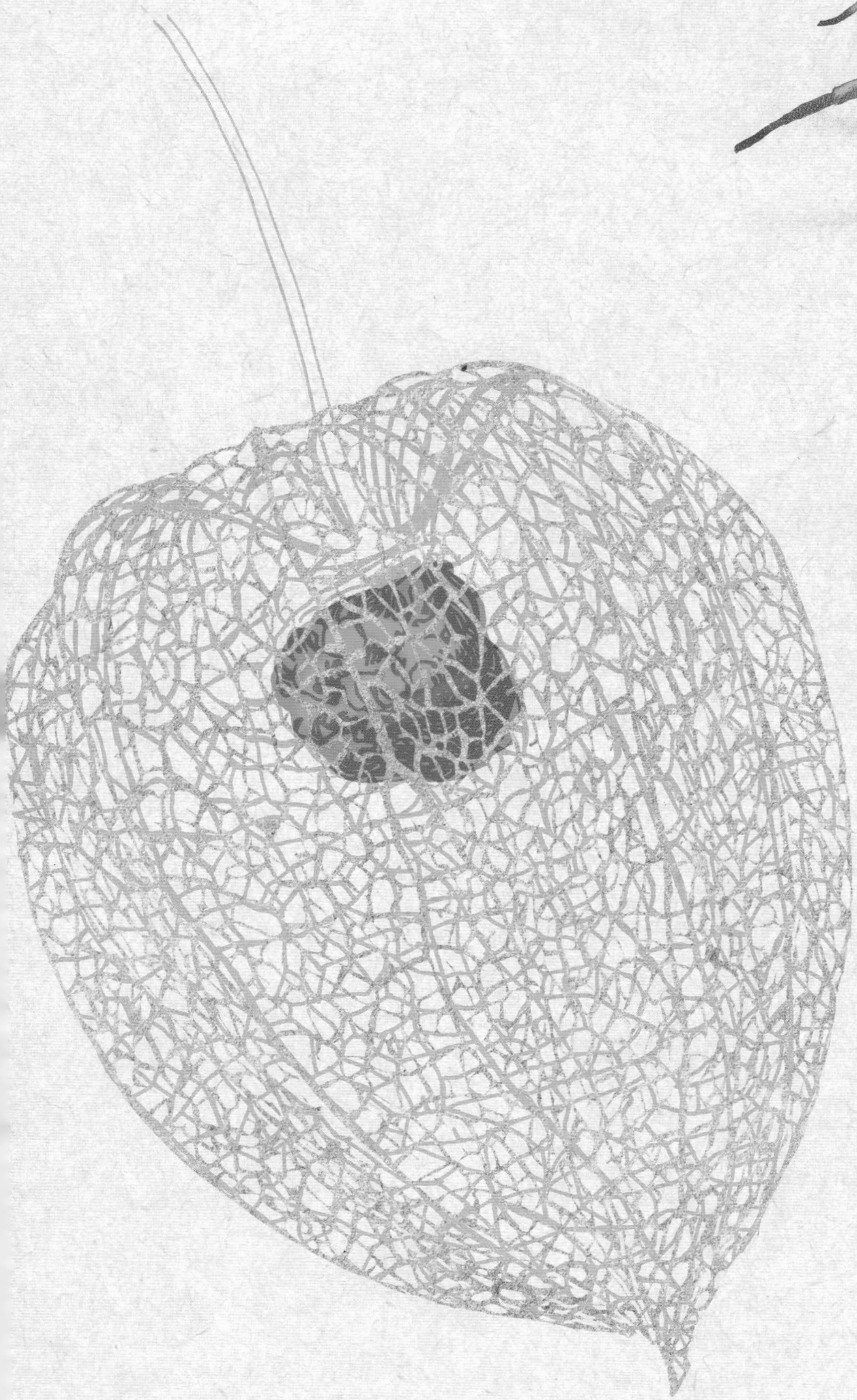

돼지거미
Dysdera crocata
퇴비 속에서 발견한 거미.
그곳에 숨어 있다가 갈고리
(집게)로 쥐며느리를
잡아먹는다.

칠성무당벌레
(하나님의 벌레)
Coccinella septempunctata

(아프리칸)데이지
Osteospermum

월계수
(꽃을 피운 월계수)
Laurus nobilis

밤나방의 연두색 애벌레
한 마리가 엿새 전부터
아네모네 꽃 속에
들어앉아 있다.

패랭이꽃
Dianthus barbatus

감자

Solanum tuberosum

이 고장 전통에 따라
나는 늘 라일락꽃이 피는 시기에
감자를 심는다. 올해에는
싹이 올라온 감자 모종을
그보다 훨씬 일찍 심어보는 모험을
감행했다. 올 겨울의 온화한 날씨가
계속되리라는 기대 때문이다.
혹시 모를 변수에 대비하여
평소보다 더 깊이 심었다.

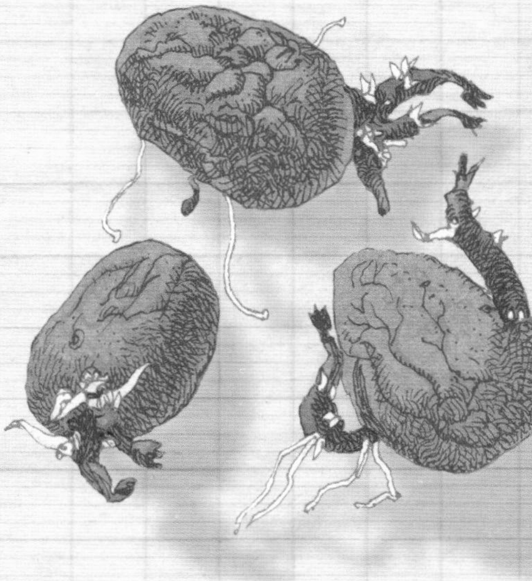

붉은바위취

Heuchera sanguinea

굉장히 오래 전부터 나의 정원에서
살고 있다. 할머니는 이 꽃의 꽃말이
'화가의 절망'이라고 가르쳐 주셨다.
뭔가 생각에 잠긴 듯, 무게감이
느껴지는 색깔을 보니 이해가 되기도
하는 꽃말이었다. 작품에 모든 것을
거는 화가들에 대해 연민을 느끼게
하는 모습이었다.

개나리
Forsythia x intermedia

튤립
Tulipa sp.

아네모네
Anemone coronaria

움벨라툼오니소갈룸
(베들레헴 별꽃)
Ornithogalum umbellatum

벚나무 월계수
prunus laurocerasus

◆ 허브로버트
Geranium robertianum

◆ 야생물망초
Myosotis arvensis

◆ 개쑥갓
Senecio vulgaris

타임, 샐비어, 로즈메리는
집에서 즐기는 허브 차의
주재료들이다.
아침에는 전날 과음한 몸속을
씻어내는 묘약이 되고,
저녁에는 봄철 소나기에 찾아온
감기를 초장에 잡아주는
좋은 약이 된다.

각다귀

Tipula oleracea

다년생 제라늄

Geranium sanguineum

발코니 화분의 펠라르고늄과
혼동하지 말 것!

토마토 모종은 작업실 안에서
싹이 났다.

뒤영벌

Bombus pascuorum

순무

(일명 '오베르뉴의 성급한 밤축제')

Brassica rapa subsp. rapa

순무꽃

히아신스

Hyacinthus orientalis

이 히아신스가 매년 같은 장소에서
화려하게 꽃을 피워온 지도 10년이
넘었다. 화려한 개화를 위해서는
식물에게도, 사람에게도
최적의 위치가 필요한 법이다.

꽃등에
Eristalis pertinax

살구나무
Prunus armeniaca

작은 자두 '프레코스 드 소뮈르' 품종이다. 냉해와 폭풍우에 쓰러지지 않고 잘 자라면, 과즙이 풍부한 열매를 얻을 수 있을 것이다.

쌍살벌

이 말벌은 쇠뜨기풀 줄기 위에 둥지를 짓는데, 주재료는 펄프이다. 펄프는 말벌의 분비물과 이 벌이 갉아먹는 나무를 섞어 만든다.

꽃등에
Myathropa florea

양배추
Brassica oleracea var. capitata

양배추꽃

1873

정원 안 주택

동쪽 면

석공 자크 피네는 경작지의 담장이 세워지고 난 직후 죽었다. 자식이 없었던 그는 이 땅을 자기 누이에게 물려주었고, 누이는 상속받자마자 도시의 한 유명 인사에게 팔았다.

1869년, 루이 레옹 페루 자고라는 석탄 상인이 2600프랑에 이 포도밭을 사들인다. 그는 이 땅에 석회암으로 집을 한 채 지었다. 석회암 틈은 석회와 채석장의 모래를 이용해 메웠는데, 이 모래는 인근 루아르강 강가의 모래보다 붉은 기가 강하고 황금빛은 약하다.

이 집의 지하에는 포도 압착실, 일 층에는 각각 굴뚝이 갖추어진 부엌과 식당, 이층에는 불을 피우는 방과 냉장실 기능을 하는 방이 있고, 그 위에는 다락방 하나가 있다. 이렇게 세 부분으로 이루어진 배치 방식, 즉 중앙계단의 양쪽에 방이 있는 이런 건물은 당시에 그 도시의 부르주아 주택들과 유사하지만, 훨씬 더 소박한 규모여서 장난감 집처럼 보이기도 한다.

이 집으로 들어가는 현관은 여덟 칸의 계단을 올라가야 있다. 1866년에 이례적으로 상승했던 강의 수위보다 높은 곳에 생활 공간을 만들었기 때문이다.

덧창 고정 조임새는
낮 시간 동안 일층 창문의
양쪽 문설주에 덧창을
고정시켜주는 장치이다.

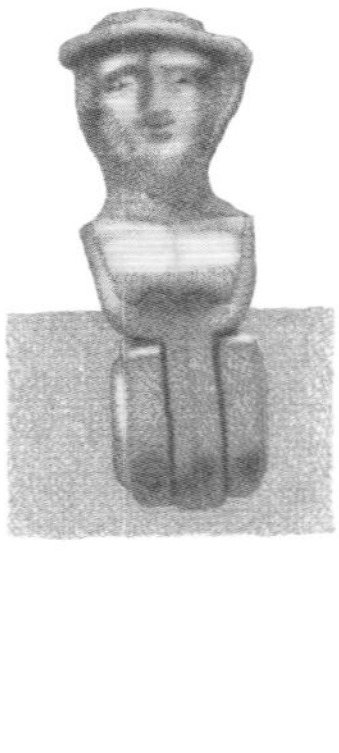

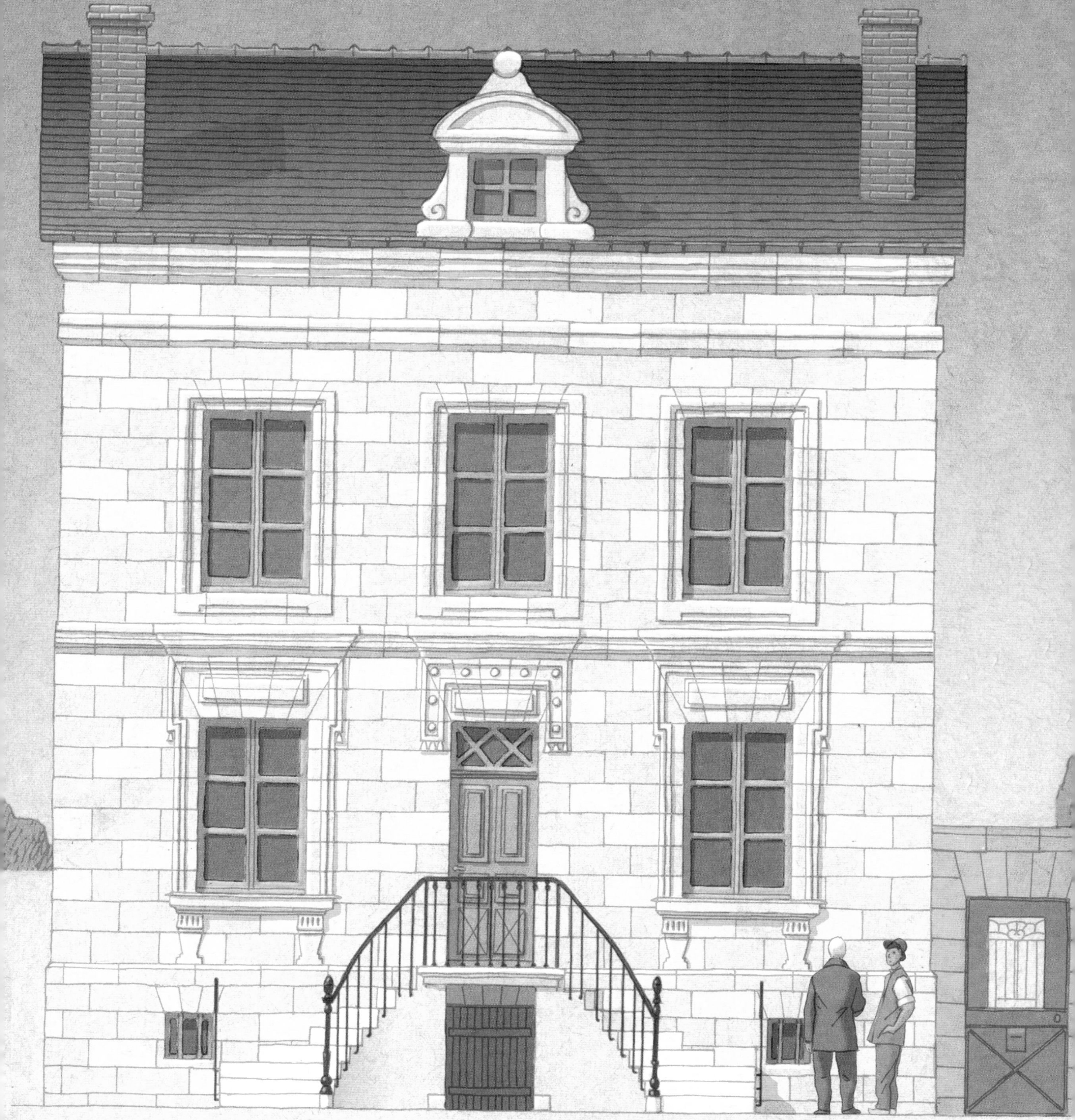

주택의 정면

필로우토크
Matthiola incana
접시꽃 빛깔의 꽃

튤립의 암술

붓꽃
Iris versicolor

(오른쪽 페이지)
딱정벌레
Carabus

4월

며칠 전부터 티티새 한 마리가 마당과 정원을 차지하고 있다. 담장이나 키 작은 나뭇가지 위에 자리 잡고 있다. 내가 2미터 앞까지 다가가도 아랑곳하지 않고, 당당히 가슴을 내민 채 자기 영역을 감시한다. 그동안 엄마 티티새는 땅바닥을 긁어 엄청난 양의 이끼를 부리(수컷 부리보다 소박하다)를 이용해 오두막 안으로 물어 나른다. 엄마 새는 일 초도 쉬지 않고 둥지를 짓는 중이다.

아빠 새는 공사가 얼마나 진척되었는지 이따금 흘낏 쳐다보기도 하지만, 엄마 새가 자기 무게의 삼분의 일이나 되는 잔가지들을 물어 나르느라 전에 없이 열심히 날개를 파닥이며 돌아올 때는 어디론가 가버리고 없다. 그러다 어느 틈엔가 감시자의 자리로 다시 돌아와 다른 수컷이 공사 중인 암컷의 눈길을 끌거나 방해하지는 않는지 감시한다.

황매화
(플레니플로라)
Kerria japonica
이중 꽃

몬타나으아리
Clematis montana

티티새
(이름 : 티노)
Turdus merula
대륙검은지빠귀라고도 함.

꽃왕거미

Araniella cucurbitina

이 거미는 이제 막
겨울의 회색빛을 벗고
봄철에 훨씬 더 잘 어울리는
연두색으로 갈아입었다.
여기서는 '킹 오브 더 피핀'
사과나무 잎과도
잘 어울린다.

붉은인동

Lonicera sempervirens

수컷 티티새 티노는
작은 벌레들, 담쟁이 열매나
보리수 열매를 좋아한다.

푸른부전나비
Celastrina argiolus
꽃잎이 떨어진 튤립의
암술 위에 앉은 나비

매발톱꽃
Aquilegia vulgaris

어리호박벌

Xylocopa violacea

엄청나게 큰 덩치에
날 때마다 시끄럽기 짝이
없지만 독침이 없기 때문에
위험하지는 않다.

등나무

Wisteria floribunda

흰반점장미딱정벌레
Oxythyrea funesta

'킹 오브 더 피핀' 사과나무 꽃은 '죽음의 잔꽃무지'라고도 불리는 이 딱정벌레 커플의 신혼집으로 사용된다.

대청
Isatis tinctoria

예전에는 이파리로 천연 인디고블루 색을 만드는 데 사용하였다.

차이브
Allium schoenoprasum

◆ **갈퀴덩굴**
Galium aparine
싱싱한 줄기는
정원 일을 하는 동안
껌처럼 씹기에 좋다.

◆ **살갈퀴**
Vicia sativa
작은 꽃송이들

유럽방울새
Chloris chloris
방울새 부부가 날아와
붉나무 가지 속을 누비고
다니다가 조각가 알랭 퀴리로
(Alain Kurylo)가 빚은 우아한
실루엣 곁에 잠시 내려앉았다.

알프스물망초
Myosotis alpestris

흰반점장미딱정벌레

Oxythyrea funesta

수컷은 배에 작은 반점이
4개 있다.

◆ 마늘냉이

Alliaria petiolata

마늘맛이 나는 이 야생 식물의 이파리들은
요리에 장식으로 이용된다.

큰연못달팽이

Lymnaea stagnalis

삽으로 땅을 파던 중 발견한 이 달팽이들은
사실 육지 생물이 아니다. 연못에서 퍼내
정원 여기저기에 뿌려 놓은 진흙에서
나온 것이다. 살아 있을 때는 검은색이었고
연못의 돌벽에 한동안 떼를 지어 있었는데,
지금은 온데간데가 없다.

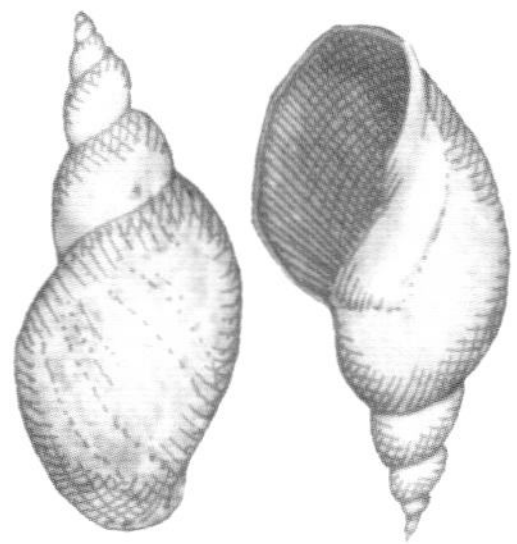

주름완두콩

(일명 '켈비돈의 기적')

바비큐

정원에서 고기를 구워 먹는 일은
꽤 최근에 생겨난 풍습이다.
할아버지 시대나 문화에는 없던 일이다.
나는 후각과 청각을 만족시키면서도
위험하지 않은, 소박한 바비큐 파티를 한다.
숯불이 가장 뜨거워진 순간, 석쇠 위에서
로즈메리 가지에 불을 붙이면 그 향이
퍼지고, 불붙은 월계수 가지는 타닥타닥
소리로 축제의 분위기를 더한다.
마른 장작으로 바비큐에 불을 붙이기 위해
여름까지 기다릴 필요가 없다.
혹시 내게 남다른 재능이 있다면,
이 끊어지지 않는 불꽃 소리로 고대인들의
월계수 점술처럼 미래를 예언할 수도
있을 텐데. 불붙은 이 잔가지들은 석쇠를
소독해주기도 한다. 소독을 하고 나면
각자 원하는 대로 굽고 먹으면 된다.
다만 다음 철칙은 잊으면 안 된다.
"소시지는 찌르지 않는다."

노린재
Rhaphigaster nebulosa
비슷한 아시아 종인 썩덩나무노린재가
최근 여러 정원에 자리잡고 있다.

말벌딱정벌레
Clytus arietis
이 딱정벌레는 에너지 넘치는 활력뿐만
아니라 강력한 타격의 소유자로서,
말벌의 색깔로 자기를 치장했다!

보육웹거미
Pisaura mirabilis
아이리스 꽃잎 위에 앉은 거미.
새끼들이 태어난 뒤 몇몇 새끼들을
돌본다는 뜻에서 '보육' 거미라고도 한다.

엄마 티티새가 알을 품고 있다. 아빠 새는 줄곧 주위를 감시한다. 내가 이 아빠 티티새를 티노(Tino)라고 부르는 이유는 무스를 바른 것처럼 반들반들 윤이 나는 그 검은 깃털, 겉멋만 잔뜩 든 듯한 노랫소리, 지독하게 수컷다운 그 행동거지 등이 옛날 이탈리아 영화 배우들을 연상시키기 때문이다.

암컷이 모든 일을 다 하는 것은 아니다. 티노 역시 시치미 뚝 떼고 자기 할 일은 철저히 챙긴다. 암컷이 잠시 식사하러 밖으로 나갈 때면, 티노는 정원 저 안쪽 담장 위에 올라앉아 한편으로는 아무도 없는 둥지를 향해, 다른 한편으로는 암컷을 향해 경계의 눈초리를 늦추지 않는다. 암컷은 선선한 저녁이 되기 전에 금방 둥지로 돌아와 잠을 청할 것이다. 정원에 사는 달갑지 않은 다른 새들은 쫓아 버리고, 깨새들 정도만 참아준다. 오늘 아침에는 이웃집 회색 새끼 고양이를쫓아버리는 데 성공했다. 암컷이 소리를 질러대자, 티노 역시 날개를 퍼덕거리며 꼬리를 꼿꼿이 치켜세웠다. 믿기지 않을 만큼 떠들썩한 북새통 속에서 티노는 그 원치 않는 방문객에게 덤벼들 듯이 날아들었다!

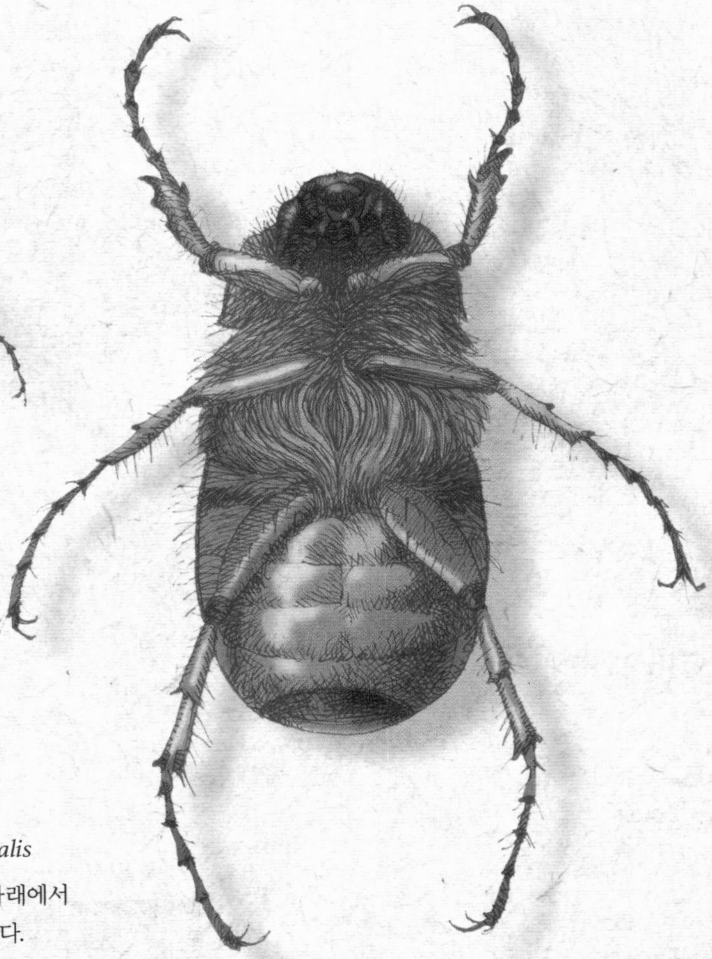

학재스민
Jasminum polyanthum

유월풍뎅이
Amphimallon solstitialis
바짝 마른 풀 더미 아래에서
죽은 채 발견되었다.

2003년 2월, 모로코에서 머물다 돌아오는 길이었다. 파리 공항에서 집으로 오는 고속도로 위로 차가운 겨울비가 내리고 있었다. 그때 나는 종려나무를 심겠다는 굳은 결심을 했다. 당종려나무 한 그루를 심으면 내년 겨울에는 정원이 좀 더 푸르러질 것이고, 쉽게 지지 않는 그 무성한 잎들 덕분에 생각과 기억 속 여행이 가능하리라는 기대 때문이었다.

나는 종려나무를 출입문 쪽에 심었다. 정원의 대칭적 구조 속에서 이 나무에게 아주 중요한 역할을 맡기려는 생각이었는데, 아주 자연스럽게 그렇게 되었다.

몇 년 후 1930년대의 사진 속에서 예전의 종려나무가 정확히 바로 내가 심은 그 자리에 심어졌었다는 것을 발견하고서는 정말 놀라지 않을 수 없었다!

당종려나무는 인근의 군부대가 있는 도시에 많았다. 군인들이 중국이나 인도차이나의 산지에서 들여온 것으로 보인다. 몇몇 연구에서는 이런 가설이 확인되기도 하고, 특히 양차 대전 사이에는 프랑스 전역에서 이 나무 심는 것이 아주 유행했던 때도 있었다고 한다.

휴고 신부의 장미

Rosa hugonis

이 야생 장미 나무는 1899년에 처음으로 서양에 들어왔다. 나는 중국 황하강 강가에서 꺾어왔다. 지금은 보건 당국의 허가 없이는 외국의 식물을 함부로 들여오지 못한다. 나의 행동은 분명 잘못된 것이다. 하지만 이 식물이 유해 식물이 아니라는 점은 분명히 알고 있었다.

은방울꽃

Convallaria majalis

올해는 3월 18일에 꽃이 피었다.

아주가

(아트로푸르푸레아)

Ajuga reptans

홍방울새
Carduelis carduelis
야자나무 위에
앉아 있다.

1919

세탁 관리사들의 정원

29년 동안 주택과 집은 임대되었다. 1869년과 같은 역사적 상황의 여파로 이곳의 유일한 상속자인 여동생은 집을 팔았다. 뒤보라는 남성이 이를 사들였다가 이번에는 6년 뒤에 팔아버린다.

그 후 한 부부가 이 정원에 관심을 가지게 된다. 남편 장(Jean)은 부르귀뇽 출신이었는데, 자기가 살고 있던 디종의 군대 특무상사였다. 아내 으제니는 이 집에서 몇 킬로미터 떨어진 곳이 고향이었다.

내 생각에는 장이 인근 도시에 주둔하던 당시, 즉 카발리에 군사학교 시절에 두 사람이 만난 것이 아닌가 싶다. 왜냐하면 두 사람은 1883년 지방에서 결혼했기 때문이다. 으제니 부인은 남편의 주둔지를 따라 이리저리 옮겨 다닐 생각이 없었던 것 같고, 두 딸과 함께 친정 부모님 근처에서 살고 싶어 했던 것 같다.

1904년, 아내는 남편으로부터 행정적으로 완전히 독립한다. 같은 해 9월 27일, 으제니의 아버지는 딸을 데리고 공증인을 찾아간다. 디종을 떠날 수 없는 장의 위임장으로 총 6,250프랑을 현금화하여 그 집과 농지를 매입하기 위해서였다. 남자들끼리의 부동산 매매계약이었다.

남편 장은 그 집의 덕을 볼 시간이 없었다. 2년 후, 아직은 젊은 나이에 사망하기 때문이다. 남편을 잃은 으제니는 당시 마흔한 살이었고, 두 딸 쉬잔과 바티스틴느는 각각 열다섯과 스무 살이었다. 이 세 명의 여성은 이때부터 다른 사람들의 지저분한 속옷을 손수 빨아서 생계를 이어가게 된다. 세탁과 다림질을 모두 해야 했던 이들은 포도밭 원두막에서 주로 빨래를 삶았고, 우물과 펌프 및 샘물에서는 방망이로 두드려 빨래했다. 아마 다른 동료 아낙네들과 함께 강가까지 갔을지도 모른다.

그때 이후, 인생의 우연과 필연이 숱하게 이어진 끝에 이 집과 정원은 다른 사람이 아닌 내 가족이 줄곧 소유하게 되었다.

이 집에서 남편 장을 기념하는 물건은 검객 동상이 유일하다. 계단에서 심하게 떨어진 후, 팔이 떨어져 나갔다.

1918년 정원의 펌프 앞에 선 여성 세탁관리사 트리오. 가운데가 으제니 부인, 왼쪽이 미혼인 딸 쉬잔, 오른쪽이 언니 바티스틴느.

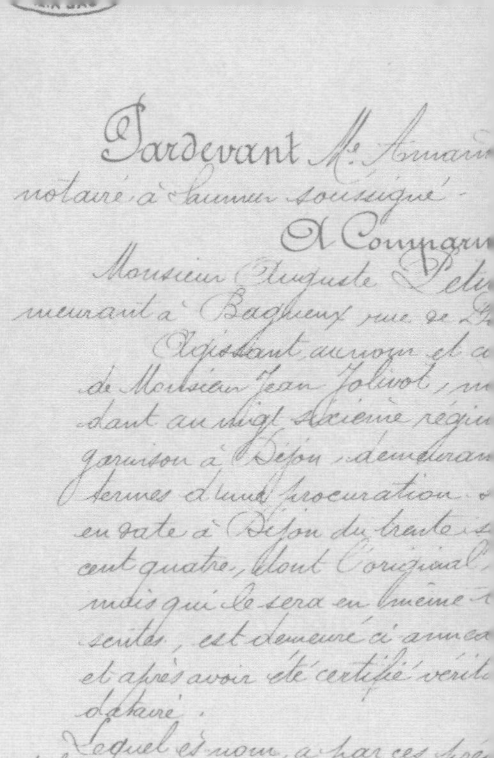

지하실에 계속 남아 있던
나무 상자 안에 붙어 있는 라벨.
아직도 남아 있다니 거의 기적이다.
상자 안에는 속옷을 희게 만드는
파란색 알약 세제들이 들어 있었다.
오른쪽은 세탁 계약서의 일부.

그 당시 양동이와 냄비들은 아연으로 만들어져
아주 무거웠다. 대신 튼튼해서 오래 쓸 수 있었다!
정원에 아직도 두 개가 남아 있다.

멕시칸데이지

Erigeron karvinskianus

딸기

Fragaria

흰 딸기인 아나블랑카의 일종으로
번식을 잘하기 때문에 어쩔 수 없이
한 방향으로 모아주어야 한다.
흔히 먹는 딸기와는 과육과 맛이
다르다. 집에서는 말발굽 소리에서
따온 '따그닥 딸기'라고 부른다.

체리

(신양벚나무 열매)

Prunus cerasus

5월

달팽이는 항상 나의 관심을 끄는 동물이다. 어릴 때는 달팽이 달리기 시합을 열곤 했다. 예선에서는 달팽이 등 껍데기에 좁쌀만 한 크기의 백넘버가 쓰인 종이를 붙여 주었다. 준결승과 결승이 끝나고 가장 빠른 놈에게 올림픽 금메달을 수여하기 위해서다.

좀 더 커서는, 동네 주민들에 대한 판매용으로 달팽이를 키우기 시작했다. 나는 별로 팔지는 못했다. 하지만 수지타산 안 맞는 그 사업을 일찌감치 접은 덕분에 수백 마리의 이 복족류들의 공격으로부터 단숨에 피해 갈 수 있었다. 일시적이라 그나마 다행이지만, 달팽이들이 망쳐놓는 채소밭의 피해는 능히 상상할 수 있다.

그때부터 나는 달팽이를 먹는 것에만 만족한다. 나는 정원 여기저기의 달팽이들을 잡아 다른 것은 먹이지 않고 밀가루 반죽과 레드와인만 먹인 뒤 굵은 소금에 거품이 나도록 문질러 준다. 그 다음에 향긋한 꾸르-부이용(court-bouillon, 백포도주에 향료를 섞어서 만든 수프: 역자주) 수프에 데쳐낸 후 다시 달팽이 껍데기 속에 집어넣고, 다진 파슬리를 섞은 버터로 입구를 막아준다. 이런 달팽이 요리를 하는 사람은 분명 내가 마지막일 것이다. 지금은 번식기이기 때문에 달팽이 수렵이 금지되어 있고, 등껍질의 가장자리가 아직 딱딱해지지 않았다. 7~8월까지 기다려야 할 것이다.

이런 이야기를 하면 젊은이들은 역겨워하는 티가 역력하다. 자기들 주변에 아직도 그런 낡아빠진 요리 방식이 남아있다는 것에 대해 적잖이 놀라면서 말이다. 나도 이들과 똑같이 생각했던 때가 있다. 토요일마다 할아버지는 공들여 키운 토끼 중 한 마리를 골라 두 귀를 움켜쥐었고, 토끼 발이 허공에서 허우적댔다. 할아버지가 죽인 토끼에서 피가 뚝뚝 떨어졌다. 그 토끼는 다음 날 완두콩이 담긴 접시 한복판에서 조각조각 나누어졌다.

어린 달팽이들

프티그리

Helix aspersa aspersa

내가 사는 고장에서는
'루마'달팽이라고도 한다.

띠달팽이

Cepaea hortensis

검은 줄무늬 테를 두른
이 노란색 달팽이 종은
정원에서 더 이상 보이지 않는다.

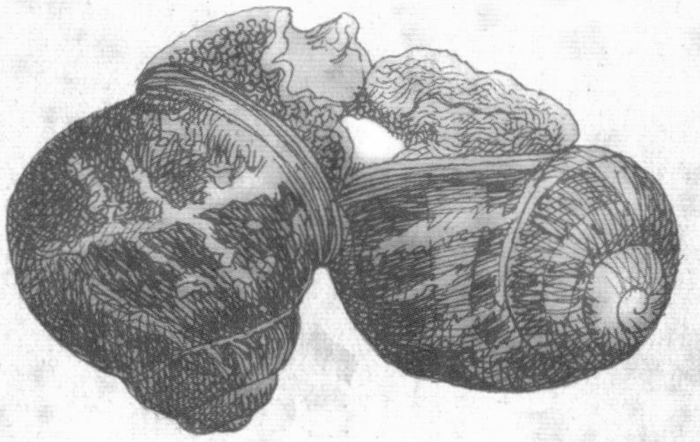

프티그리의 짝짓기

◆ **브리오니카디오이카**
Bryonia dioica
(일명 '악마의 실패작')
오래전부터 전화기 선은
이 야생 덩굴식물의 모양을
본떠 만들고 있다!
하루에 5~10cm까지 자라는
놀라운 성장 속도를 보여준다.

큰배추흰나비
Pieris brassicae
염료용 대청 줄기를
흰나비 애벌레가 뒤덮고 있다.

◆ **유럽블랙베리**
Rubus ulmifolius
블랙베리 꽃

녹색군인파리
Chloromyia formosa
배 부분이 구릿빛을 띤 녹색이면 수컷. 암컷은 보랏빛 광택이 나고 두 눈 사이가 수컷보다 더 벌어져 있다.
◆ **개양귀비**
Papaver rhoeas
정원에 있는 양귀비는 다 똑같지 않다. 일부는 꽃잎 아래쪽에 검은 반점이 없고, 다른 일부는 꽃봉오리와 줄기에 털이 있다.
감자
Solanum tuberosum
감자꽃

시간이 흐를수록 개양귀비의 꽃봉오리가 땅을 향해 고개를 숙인다. 그러던 어느 날 저녁, 그중 하나가 다시 고개를 들었다. 이튿날 아주 이른 아침, 해가 뜨기도 전에 이 꽃봉오리를 감싸고 있던 꽃받침 조각 두 장이 떨어지고, 꽃판의 주름이 서서히 펴지더니 아침 첫 햇살을 향해 펼쳐지기 시작했다. 바로 이때, 꿀을 모으는 곤충들이 죄다 꽃부리에 달려들었다. 곤충들은 흡사 일렬로 줄을 서는 모양새였다! 정오가 되자 줄기와 꽃부리는 중천을 향해 꼿꼿이 섰고, 모여드는 곤충들도 줄어들었다.

저녁이 되면 바람 때문에 혹은 폭염 때문에 꽃판이 여기저기 흩뿌려진다. 그렇게 되면 남은 건 씨앗들을 품은 소박한 꽃받침뿐이다.

비트
Beta vulgaris
모종을 이식해 주어야 한다.

바퀴벌레

Ectobius vinzi

새끼는 등에 흰색 띠가 있다. 다 자라고 나면 흰색이 황금색으로 변한다. 이 작은 시골 바퀴벌레는 낮에 주로 활동하고, 집 안으로 들어가려고는 하지 않는다. 도시 바퀴벌레들과는 다른 점이다.

◆ **서양민들레**

Taraxacum

(일명 '사자의 이빨')

벌파리

Hemipenthes morio

정원에 민들레의 동그란 홀씨가 처음 만들어질 때면, 그 보송보송하고 하얀 갓털을 입으로 후 불어 날리면서 무언가 한 가지를 맹세하는 풍습이 있다. 지금도 봄에 뻐꾸기의 첫 노랫소리를 들었을 때 호주머니에 동전이 들어 있으면 그해에 부자가 된다고 믿는다. 이 사소한 행동들을 유치하다고만 할 수는 없다. 인간과 자연을 이어주는, 점점 더 가늘어지는 실을 그나마 유지해 주는 역할을 하기 때문이다.

우리 세대의 아이들은 정원이나 길 한쪽에서, 햇살 가득한 긴긴 오후의 그 달콤한 여유 속에서 간섭없이 자유로웠다. 우리는 벌레를 잡으러 다니기도 했고, 미나리아재비꽃 한 송이를 이웃 아줌마나 아저씨의 턱 밑에 갖다 대어보기도 했다. 그 꽃의 노란색은 사방으로 퍼지지 않고 우리의 맑고 환한 피부에만 반짝반짝 반사되곤 했다. 이 특이한 반사 현상은 오늘날 과학적으로 설명이 되었지만, 그 행동이 가진 매력 특히 그 호의적인 의미는 계속 이어가야 할 가치가 있다.

하설초

Cerastium tomentosum

(일명 '돈 바구니')

가장자리의 보도블록 사이 여기저기, 원하는 곳 어디에나 뿌리를 내린다.

화이트워터 젓가락나물

Ranunculus aquatalis

루아르강의 우각호(하천의 일부가 막혀 형성된 호수: 역자 주)에서 따왔다.

큰붉은잠자리

Pyrrhosoma nymphula

◆ **이탈리아천남성**

Arum italicum

눈에 보이는 부분의 꽃은 하나의 꽃차례(가운데가 노란색)로 이루어져 있고, 이것은 옥수수껍질 같은 일종의 이파리로 둘러싸여 있다. 이 식물은 굉장히 특이한 기술을 구사한다. 수정과 번식을 위해 고약한 냄새를 풍겨 파리를 끌어들이는 것이다. 이 냄새를 풍길 때는 열기가 발생한다.

모예화나비

Shargacucullia verbasci

이 나비 애벌레들은 정원에서도
모예화 이파리 위에서만 산다.
애벌레는 굉장히 알록달록하지만,
나비가 되면 눈에 거의 띄지 않는
밤색을 띤다.

◆ 속수자
(대극)
Euphorbia lathyris

브리오니아무당벌레
Henosepilachna argus

북유럽 지역에서 이 곤충은
브리오니아 위에서만 산다.
남유럽에서는 주로 멜론을 먹고 산다.
11점박이 무당벌레라고도 한다.
실제로는 반점이 12개이지만,
제일 위에 있는 점 두 개가
거의 붙어 있기 때문이다.

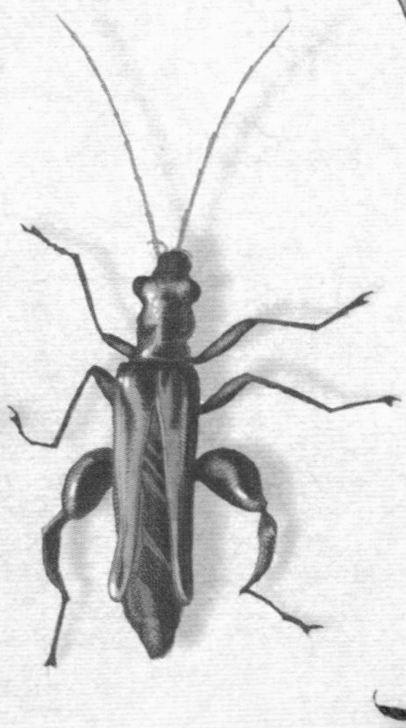

굵은다리딱정벌레
Oedemera nobilis

다리의 세 번째 마디가
일명 '역도선수 허벅지'처럼
굵은 것은 수컷들이다.

렛서사슴벌레
Dorcus parallelipipedus

박스버그
(Box Bug)
Gonocerus acuteangulatus

금붕어
Carassius auratus

정원 속의 움직임을 볼 수 있으려면 가끔은 많은 주의를 기울여 관찰해야 한다. 가령, 연못에서 막 이사 나온 개구리 한 마리를 보고 있자면, 일렁이는 물속에서 예닐곱 마리의 어린 금붕어들이 차차 눈에 들어온다. 흔들리는 물결 위에 몇 줄기 빛이 반사되어 반짝이는 바람에 물고기들이 보이지 않았던 것이다. 이들의 비늘이 화려한 원색으로 물들기 시작하려면 올해 말이 되어야 할 것이다.

여름은 달력에 표시된 것처럼 6월 21일에 시작되지는 않는다. 정원의 여름은 햇빛이 환하게 들어 체리를 따고, 그것으로 첫 과자를 굽는 날 시작된다. 올해는 5월 27일이 그날이다. 체리의 새콤한 과즙이 두 팔을 따라 흘러내려 배에까지 엉겨 붙는다. 그래서 여름은 으레 상쾌한 첫 호스 샤워로도 시작된다. 큰아들이 대나무의 싹처럼 기운차고 건강하게 자란 지금, 아들은 체리 수확을 함께 하고 활력소와도 같은 그 첫 샤워도 즐긴다.

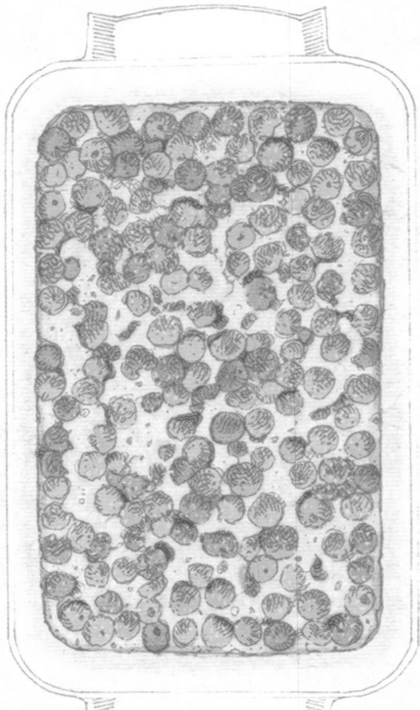

신양벚나무

Prunus cerasus

그 해의 체리를 넣어 구운
첫 번째 과자

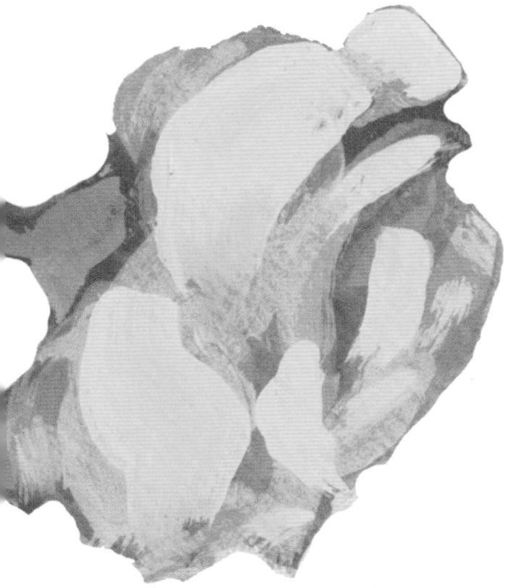

다마스크로즈

Rosa x *damascena*

정원에 있는 다마스크로즈의 뿌리는
모로코의 다데스 협곡에서 온 것이다.
2003년, 모로코의 엘 켈라 움 구나
(Kelaa des M'Gouna)에서 장미꽃잎
따기(장미수 또는 향수 비누 제작 목적)와
지역 장미 축제에 참여하고 난 뒤 가져왔다.

파티마, 2003년,
모로코의 보울레마네

◆ **초롱꽃**
(달마시안 벨플라워)
Campanula muralis

양집게벌레
Forficula auricularia
마돈나릴리
Lilium candidum
산호붓꽃
Iris foetidissima

아칸서스몰리스
Acanthus mollis
북방아시아실잠자리
Ischnura elegans
배 부분이 붉으면
암컷, 파란색이면
수컷이다.
우단동자꽃
Silene coronaria

1936
꼬마 자크의 정원

어떤 가족이든 밝혀지지 않은 비화들이 있게 마련이다. 그리 오래전은 아니지만, 굳이 말할 필요가 없다고 생각되는 시절들, 쉬쉬하면서 퍼져나가기를 원치 않는 사연들이 특히 그러하다.

제1차 세계대전 말, 프랑스로 파병된 미군들은 물자 보급에도 참여했다. 이들은 도시 인근 철로 부근에 캠프를 설치했다. 그 파란만장한 시절을 기억하는 사람들의 증언에 따르면, 그 군인들은 젊은 여성들의 관심을 끌었고, 여성들 역시 군인들에게는 매력적인 대상일 수밖에 없었다. 이들이 어떠한 상황에서 만남을 가졌는지 이제는 아는 이가 하나도 없지만, 다들 하나같이 하는 이야기가 있었다. '새미'라는 한 미군이 휴전 직후 미국으로 돌아갔고, 이때 '쉬잔'이라는 한 여성에게 아주 조그만 추억 하나를 남겼다는 것이다. 그 추억 하나가 바로 우리 할아버지다. 내가 아는 것은 그게 전부다. 할아버지는 이 이야기를 한 번도 하신 적이 없다. 한 번 스쳐 간 이 사연이 지금은 한 편의 소설처럼 들릴 수 있지만, 1920년대에 미혼모와 아빠 없는 아이란 얼마나 감당하기 힘든 부담이었을까 상상이 된다.

내가 자크 할아버지에 대해 가지고 있는 가장 오래된 기억은 1970년대로 거슬러 올라간다. 할아버지는 50대였다. 할아버지는 항상 베레모를 쓰고 계셨는데, 밤마다 TV를 보시다 잠이 들면 난 장난으로 그 베레모를 슬쩍 감추곤 했다. 나는 머리카락이 묻은 그 동그란 펠트 모자에서 풍기던 가죽 냄새와 저렴한 잎담배 냄새를 기억한다. 할아버지를 떠올리면 생각나는 건 작업복밖에 없다. 할아버지는 늘 정원 손질을 하시든가 아니면 간단한 목공 일을 하셨다. 다른 일을 하는 할아버지는 본 적이 없다. 말이 없으시던 할아버지는 외출도 하지 않았고, 오고 가는 친구도 거의 없었다. 나는 오랫동안 할아버지에게도 젊은 시절이 있었다는 것을 상상하지 못했다. 나에게 할아버지는 항상 똑같은 표정과 굵은 마디에 반점투성이이며 핏줄이 여기저기 튀어나온 두툼한 손가락으로만 존재했다. 적어도 1936년에 찍은 젊은 할아버지의 사진 한 장을 발견할 때까지는.

사진 속의 할아버지는 축구 유니폼을 입고 정원에서 포즈를 취하고 있었다. 이게 뭐야? 할아버지가 축구를 했다고? 할아버지는 그때부터 이미 빵모자를 쓰고 있었다! 반바지 아래 허연 허벅지를 드러내고 또래의 축구팀과 함께 축구를 하던 시절이었다! 믿어지지 않는다!

받침대 위에 놓인 이 화분은 흙을 구워 만들었는데, 1930년대부터 계속 정원에 남아 있는 물건 중 하나이다.

(오른쪽 페이지)
받침돌로 사용되는 나무 밑동 위에 무쇠로 된 화분이 있고, 화분에는 제라늄이 자란다. 이 화분은 줄곧 정원에 남아 있었고, 지금은 꿩의비름이 자라고 있다.

우단동자꽃

Silene coronaria

씨앗으로 번식했다.

세 명의 세탁부들의 정원은
텃밭 작업에 꽃밭 가꾸기까지
정성스런 보살핌으로 관리되었다.
1936년에 찍은 사진을 그대로 그린
그림을 보면, 예전에는 연못을 메워
화단으로 사용했다는 것, 중앙 통로
양쪽에 빗살나무 묶음을 줄 지어
세웠다는 것(지금은 나무를 심었다),
그때도 통로 위에 둥근 아치가
서 있고 공 모양 거울이 달려
있었다는 것을 알 수 있다.
아치와 거울은 60년대까지도
그 자리에 그대로 있었다.
운동을 좋아하고 조숙했던
일꾼 자크 할아버지는
체조용 링을 매달기 위해
뒤쪽에 가로목도 설치했다.

정원에 있는 세귄(Seguine)사 제품
수도꼭지는 지금도 사용할 수 있지만
나는 이제 쓰지 않는다. 수도꼭지는
1930년대에 설치된 것인데,
당시의 수도관은 도심에서
외곽 쪽으로 뻗어 있었다.

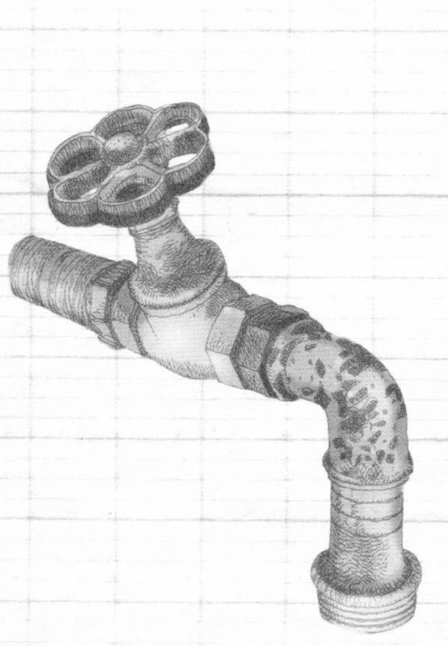

프티코프테라
Ptychoptera contaminata
민들레 꽃잎 위에서 짝짓기
까치밥 나무열매
Ribes rubrum

6월

작년에도 나는 '아줌마'를 연못에서 구해냈다. '아줌마'는 우리 정원에 사는 여왕 두꺼비의 이름이다. 일반적으로 두꺼비는 번식기가 아니면 물가에 잘 오지 않는다. 그런데 덥고 건조한 날이 계속되면 두꺼비들도 서늘한 바람을 쐬기 위해 연못가에 나타난다. 풍덩! 하고 아줌마가 연못에 빠져버렸다. 두꺼비도 헤엄칠 줄은 알지만, 연못가에 올라앉을 만한 적당한 발판 같은 곳이 없으면 기진맥진해서 물에 빠져 죽을 수도 있다. 나는 작년과 마찬가지로 뜰채로 아줌마를 물에서 건져 냈다.

아줌마는 우리 정원에 몇 년째 살고 있다. 나는 아줌마가 어디에서 겨울을 나는지는 모르지만, 여름에는 주로 햇볕이 거의 들지 않는 문간이나 호스가 연결된 수도꼭지 아래에 나타난다는 것은 알고 있다. 이따금 조금씩 떨어지는 물은 여름 내내 두꺼비에게 최적의 습도를 제공해준다. 푹푹 찌는 여름밤이면 아줌마가 구멍에서 나오는 소리가 들리고, 이내 그 무거운 걸음걸이로 작업실 앞의 포석 위로 다가가는 모습이 보인다.

나는 두꺼비를 싫어하지 않는다. 두꺼비는 친절하고, 사람을 귀찮게 하지 않으며, 시끄럽지 않을 뿐 아니라, 달팽이와 민달팽이들이 지나치게 번식하지 않도록 적절히 조절하는 데 도움을 준다. 손으로 잡아도 내 손에 똥을 싸지 않고, 어릴 적 들은 옛날이야기처럼 내 눈에 오줌발을 날리지도 않는다. 몸을 뒤덮은 사마귀 같은 돌기들도 따갑지 않다.

초등학교 다닐 때, 운 좋게도 기타를 치고 지프차를 타고 다니며 나막신을 신고 머리를 길게 기른 남자 선생님이 한 분 계셨다. 선생님은 교실 뒤쪽에 동물 사육장을 하나 만들어 주셨다. 그곳에는 누르스름하고 예쁜 암컷 두꺼비도 있었다. 커다란 그 두꺼비 손에는 새끼도 들려 있었고, 우리는 그 새끼도 함께 길렀다. 그때부터 이미 두꺼비는 내게 혐오스러운 동물이 아니었다.

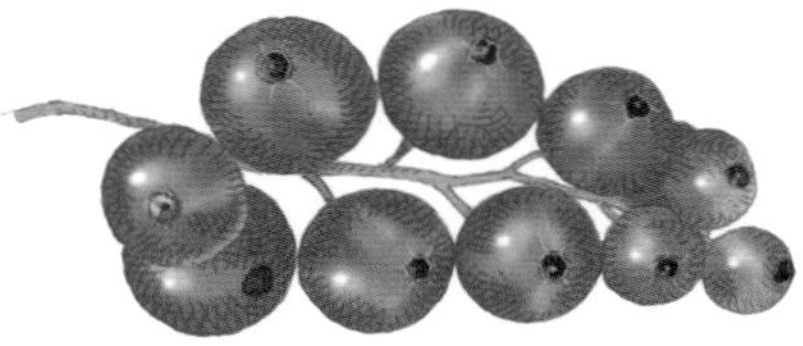

무거운 어리호박벌들과
덩치 큰 뒝벌들만이
꽃받침을 부러뜨리고
꽃부리에 눌러 앉아
아칸서스꽃 안에서 꿀을
모을 수 있다. 꽃 안에는
네 종류의 조그만 솔 같은
것이 있어 꽃가루를 곤충에게
묻혀주는 기능을 한다.

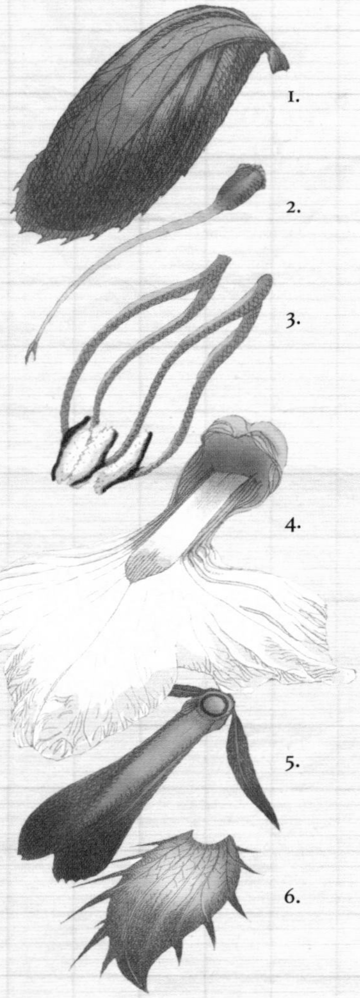

1. 가장 위쪽 꽃받침
2. 암술대
3. 수술
4. 꽃부리
5. 꽃턱잎
6. 가장 아래쪽 꽃받침

몰리스
Acanthus mollis
꽃

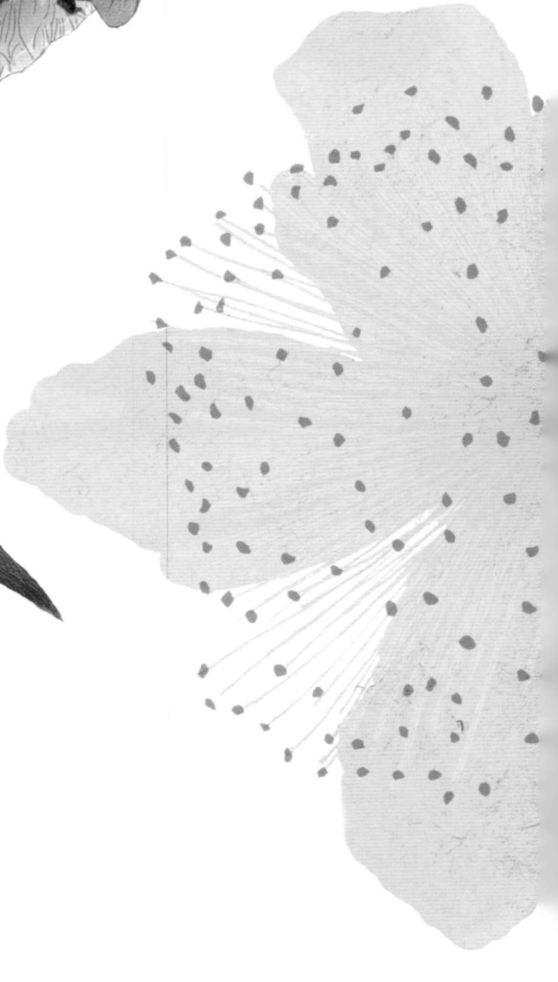

정원에 사는 곤충들을 관찰하면서 알게 된 사실이 하나 있다. 내가 그린 곤충들의 약 1/3은 내가 어릴 때의 프랑스 북서쪽 지방에는 없었던 곤충들이라는 것이다. 엄밀히 말해, 나는 정원에서 놀면서 그 곤충들을 한 번도 본 적이 없었다. 국제적인 경제 교류 증가와 기후 온난화는 지금 우리가 알아차리지 못하는 사이에 조그만 한 뙈기 땅의 생태계에도 변화를 일으키는 중이다.

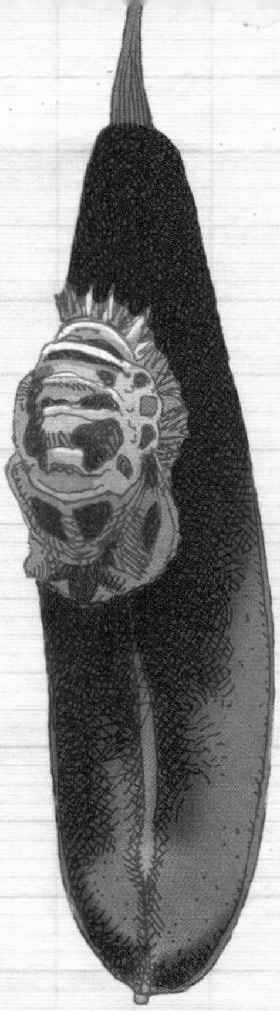

서양고추나물

Hypericum perforatum

꽃

유럽두꺼비

Bufo spinosa

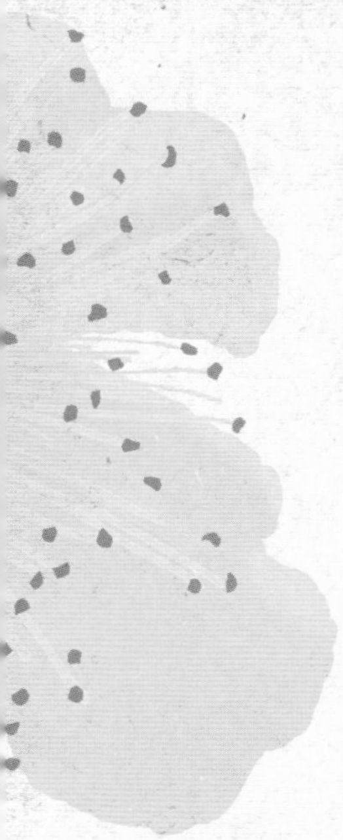

청남색의 장각과(長角果)
열매 위의 무당벌레 번데기.
번데기는 애벌레와 성충
사이의 중간 단계이다.

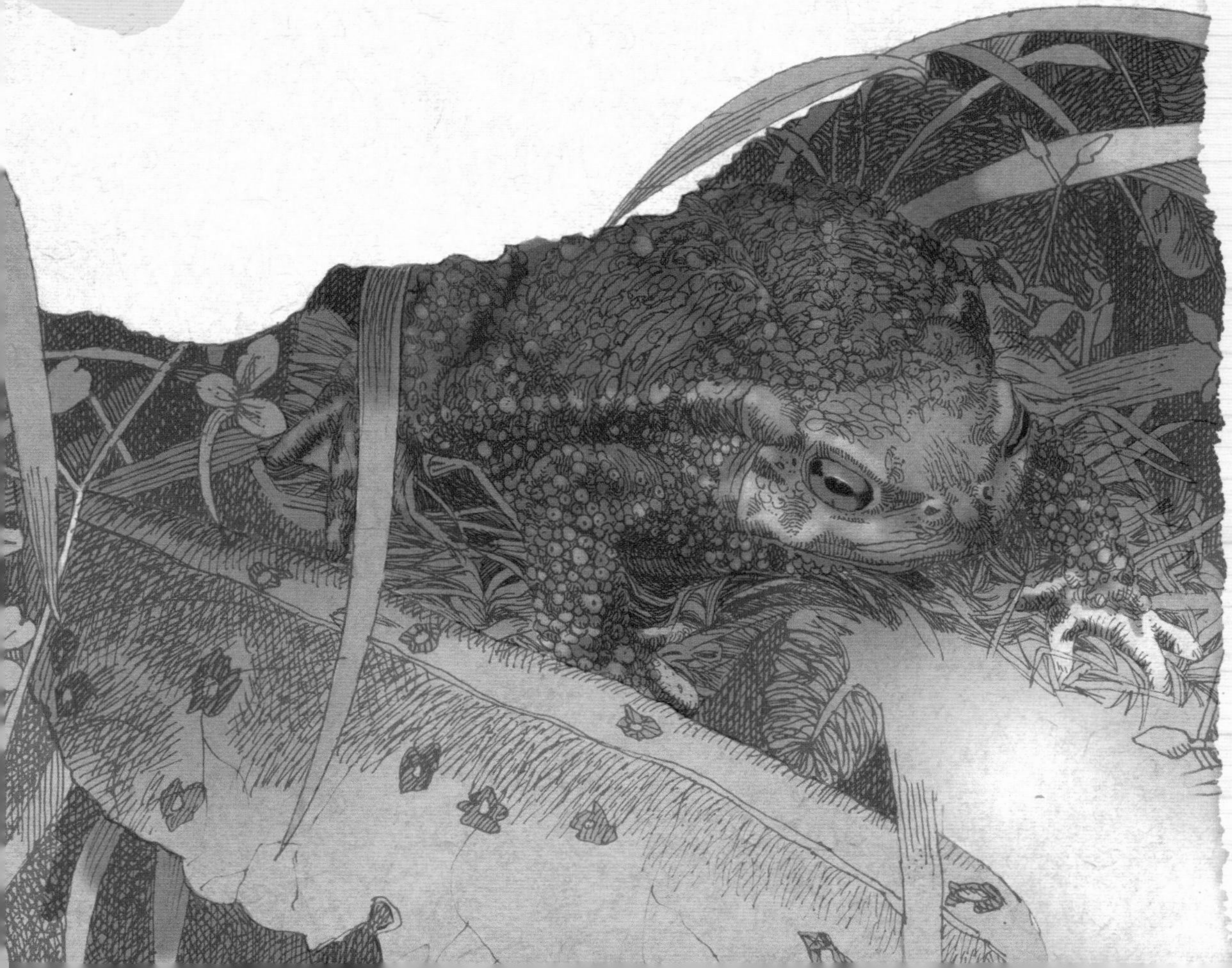

우리 정원의 두꺼비들은
지금까지는 가장 일반적인
두꺼비 부포 부포(Bufo bufo)속
에 속했던 것 같다.
반면 '아줌마' 두꺼비는
아주 붉고 예쁜 두 눈,
피부에 돋은 특이한 돌기들,
12cm의 몸길이, 그 외 몇 가지
특징들로 미루어볼 때,
부포 스피노수스(Bufo
spinosus)일 수도 있다.
주로 프랑스 서쪽 지역에
분포하는 이 아종 두꺼비는
아주 최근에 와서야
하나의 종으로 독립했다.

대청

Isatis tinctoria

멕시코조롱박벌

Isodontia mexicana

60년대 초반 프랑스 남부에 출현한
이 말벌의 일종은 새카맣고 공격적이지 않다.
2003년 여름의 이례적 더위 덕분에
프랑스 북부까지 이동할 수 있었을 것으로 보인다.

홍혼딱정벌레

Pyrrhidium sanguineum

노란색옥잠화

Hemerocallis citrina

야생으로 자라는
중국 스촨성의 산에서
뿌리를 캐어 왔다.
그 후로 조용히
잘 자라고 있다.

◆ **갈퀴덩굴**

Galium aparine

운향(芸香)

Ruta graveolens

여러 냄새가 뒤섞인 굉장히 독특한 향기를 풍긴다.
국지적으로는 사용하지 않는 것이 보통이다.
왜냐하면 일정량 이상을 사용하면 독성이 있을 수도
있기 때문이다. 하지만 나는 에티오피아에서
이 향이 나는 커피를 마셔본 기억이 있다.

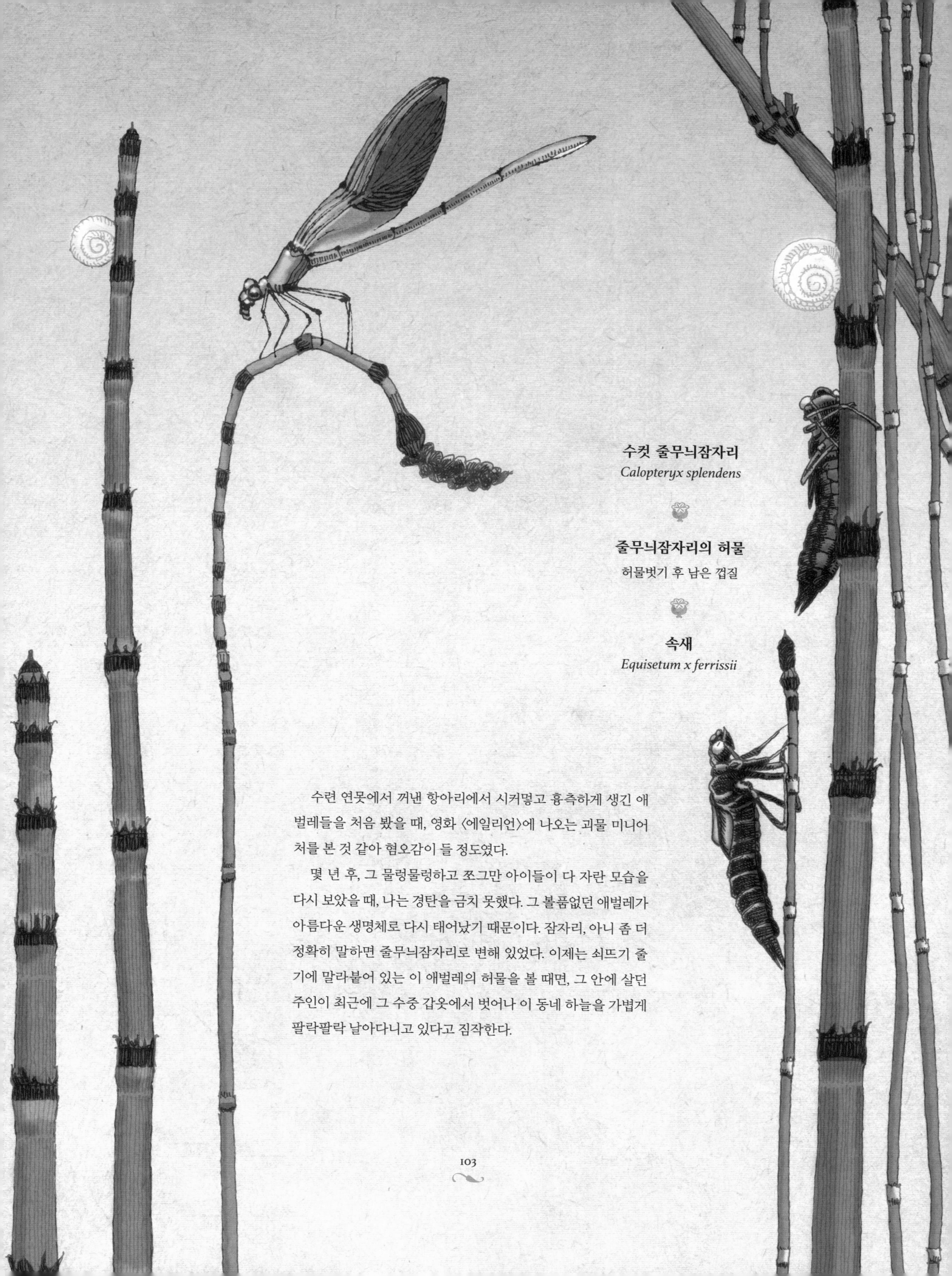

수컷 줄무늬잠자리
Calopteryx splendens

줄무늬잠자리의 허물
허물벗기 후 남은 껍질

속새
Equisetum x ferrissii

수련 연못에서 꺼낸 항아리에서 시커멓고 흉측하게 생긴 애벌레들을 처음 봤을 때, 영화 〈에일리언〉에 나오는 괴물 미니어처를 본 것 같아 혐오감이 들 정도였다.

몇 년 후, 그 물렁물렁하고 쪼그만 아이들이 다 자란 모습을 다시 보았을 때, 나는 경탄을 금치 못했다. 그 볼품없던 애벌레가 아름다운 생명체로 다시 태어났기 때문이다. 잠자리, 아니 좀 더 정확히 말하면 줄무늬잠자리로 변해 있었다. 이제는 쇠뜨기 줄기에 말라붙어 있는 이 애벌레의 허물을 볼 때면, 그 안에 살던 주인이 최근에 그 수중 갑옷에서 벗어나 이 동네 하늘을 가볍게 팔락팔락 날아다니고 있다고 짐작한다.

딱정벌레
Trichodes apiarus

백묘국
Jacobea maritima

◆ **서양메꽃**
Convolvulus arvensis

친구 파스칼이 석류나무 화분을 가져다주며 사연을 이야기했다. "2년 전쯤에 사람들이랑 같이 크레타섬의 어떤 마을에 갔었어. 산의 경사진 곳에 자리 잡은, 마치 딴 세상 같은 마을이었는데 주민들이 대량으로 이주해 나간 탓에 폐허가 된 집들이 있었어. 거기서 잠시 쉬고 있었는데 검은 옷차림의 나이를 알 수 없는 키 작은 노파가 자기 정원에서 우리한테 석류를 여러 개 던져 올려 줬어. 그 석류 씨앗을 주워두었다가 싹을 틔웠더니 앞날이 창창한 젊은 나무로 자랐지 뭐야."
내가 할 일은 정원 안에 적당한 장소를 찾아 이 석류나무를 심어주는 것이다. 10여 년 뒤면 얼마만큼이나 자랐을지 상상하면서….

석류나무
Punica granatum

산호랑나비
Papilio machaon
자기의 숙주 나무인
회향나무 줄기 위의 애벌레

박주가리
Asclepias syriaca

뚱보기생파리

Gymnosoma rotundatum

신화 속의 괴물 키메라를 닮은
아주 작은 파리. 위쪽은 파리이고
아래쪽은 무당벌레 모습이다.
빈대의 애벌레를 잡아먹는다.

◆ 모예화

Verbascum thapsus

올해는 가장 크게 자란 꽃대
높이가 2m 10cm이다.
우리 정원의 기록을 다시 깬 것이다.

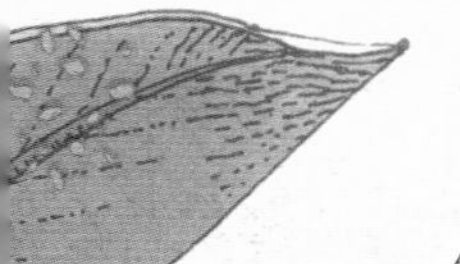

황금톱풀

Achillea filipendulina

바둑판무늬무당벌레

Propylea quatordecimpunctata

'14점박이 무당벌레'라고도 불리는
미니 무당벌레

블랙브레드위드

(Black bread weed)

Nigella arvensis

꽃잎 수가 더 많은 니겔라 다마스케나
(Nigelle de Damas)와 혼돈하기 쉽다.
지중해 지역이 원산지인 이 야생화는
석회암 토양인 프랑스 북서부 지역에도
훌륭하게 적응한다.

나는 박주가리 뿌리를 어느 버려진 정원에서 주워 왔다. 새끼 앵무새 모양의 굉장히 특이한 열매가 열리기를 간절히 바랐다. (이런 생김새 때문에 앵무새 풀이라는 이름을 갖게 되었다.) 물론 믿지는 않았지만, 나는 아메리카가 원산지이고 제왕나비의 숙주인 이 식물이 나비 애벌레들의 집이 되어주기를 바랐다. 지금까지는 노란 진딧물들 때문에 제대로 기를 펴지 못하여 꽃봉오리 몇 개밖에 얻지 못했다. 이 진딧물들은 까치밥나무로 이동할 생각은 없는 것 같다.

박주가리는 이 조그만 천적들이 자기 뿌리를 공격하면 독성 물질을 내뿜는 대신 휘발성의 복합 성분을 분비하여 자기에게 이로운 친구들을 불러들이고 이들이 진딧물들을 잡아먹게 만든다!

티티새 두 마리가 이제 막 둥지를 떠났다. 고양이들이 너무 쉽게 접근할 수 있는 장작 오두막 속의 둥지에서 처음으로 세 개의 푸른색 알을 품으려다 포기하고 난 뒤, 아빠 새 티노와 엄마 새는 키 큰 월계수 나무에 다시 둥지를 틀었다. 노련한 고양이들도 올라갈 엄두를 내지 못하는 높이였다.

월계수 나무에는 이미 염주비둘기의 둥지가 있었다. 나는 땅바닥에 이 비둘기의 하얀색 알 두 개가 떨어져 있는 것을 발견했다. 하나는 깨져 있었고, 다른 하나는 온전했다. 혹시 티티새들이 나무를 독차지하기 위해서 둥지 바깥으로 몰래 던져버린 것은 아닐까 하는 생각이 들었다.

티티새들은 몸집이 포동포동하고 날개는 약하다. 그래서 대부분의 시간을 땅바닥에서 폴짝폴짝 뛰어다니며 보낸다. 위험이 닥치면 날아오를 수는 있지만, 그리 멀리 도망가지는 못하고 허둥지둥한다. 티노 부부는 늘 새끼들 위에서 보초를 선다.

대륙검은지빠귀
Turdus merula
거의 다 자란 티티새

검은머리명금
Sylvia atricapilla

자엽꽃자두
Prunus cerasifera
개살구

검은머리명금

암컷의 정수리는
밤색이다.

**염주비둘기의 알과
티티새의 알**

1유로 동전과
크기 비교

오늘 오후, 사흘 만에 두 번째로 티노가 '티-티-티-티'를 연거푸 반복하는 비상 경보음을 울렸다. 나는 서둘러 그쪽으로 달려갔고, 티노도 내 쪽으로 다가왔다. 우리 정원의 새들은 사람 쪽으로 날아오지 않고 오히려 반대쪽으로 날아가는 것이 보통이다!

티노는 내 발치에 내려앉아 잔뜩 예민한 듯 마구 지저귀며 나를 쳐다보았다. 아닌 게 아니라, 저쪽으로 고양이 꼬리가 다시 보였다. 내가 이 난리 통의 원인 제공자를 쫓아 보내자 티노도 자신의 경비초소로 다시 돌아갔다.

이제는 확실히 알겠다. 내가 자기 말을 들어주고 자기를 이해한다는 것을 티노도 알고 있다는 것을 말이다. 이런 이야기를 하는 것이 쉽지는 않다. 듣는 사람들은 내가 정원 안에 갇혀 살다시피 한 시간이 길어지다 보니 여기에서 지나치게 만족감과 행복을 느끼게 되었고, 급기야 자칭 성인이 된 것이 아니냐고 생각할지도 모르겠다….

'생피에르' 토마토

1947
자크 할아버지의 정원

순무

자크 할아버지는 1940년대만 제외하고는 평생 이 정원에서 살았다. 1939년 9월 초, 전쟁에 징집되기에는 너무 어렸던 할아버지는 이듬해 프로방스로 6개월 과정의 훈련 연수를 떠나게 된다. 그리고 비시 정부에 의한 대독 협력 강제 노동국에 차출되어 처음에는 프랑스의 브레스트에, 나중에는 독일의 뒤셀도르프에 있는 직조기 제조 공장에 있었다.

"돌아왔을 때는 살이 너무 많이 빠진 데다가 괴혈병까지 걸려 기차역에서 얼굴을 알아보기 힘들 정도였다."고 질레트 할머니가 내게 이야기하시곤 했다.

할머니와 할아버지는 1941년 8월에 결혼하셨다. 당시 사람들이 이야기하듯, 사랑하는 사람들을 갈라놓았던 그 격동기를 겪은 후 할아버지는 '잃어버린 시간을 다시 찾아야' 했다. 상황이 나아져서 1946년 5월에 첫 아이가 태어났고, 3년 후에 둘째가 태어났다.

1947년, 자크 할아버지는 결혼해서 다른 곳에 살고 있던 어머니 쉬잔으로부터 집과 정원을 사들이면서 할머니 으제니와 이모 바티스틴느가 돌아가실 때까지(마치 종신연금처럼) 그곳에서 살도록 해주었다. 하지만 이 상황은 오래가지 못했다. 일 년 후, 할아버지는 다시 그 집과 정원에 들어와 살게 되었는데, 이번에는 할머니와 이모가 아닌 아내와 아이와 함께였다.

그때도 여전히 살기가 어려웠다. 할아버지는 먹고사는 데 필요한 것들을 돈을 주고 사지 않고(사더라도 극히 일부만 사고), 모두 정원에서 생산하여 자급자족했다. 과일, 채소, 토끼와 닭 키우기 등등. 그때부터 평생 저녁이면 삽질하고, 괭이질하고, 김매고, 씨 뿌리고, 나무 심고, 가지 치는 시절이 시작되었다. 목공소에서 톱 가는 아들과 가내 재단사인 아내의 얼마 안 되는 벌이를 최대한 올려주기 위해서였다. 질레트 할머니는 기병 학교 기수들의 맞춤 반바지를 제작하지 않는 시간에는 뜨개질, 재단, 바느질을 하며 아이들과 할머니의 옷을 손수 지으셨다.

체리 수확,
1950년

(오른쪽 페이지)
1946년 어느 여름날,
정원의 입구에 4대의 가족이 모두 모였다.
세 명의 세탁부들 중에서 으제니 부인과
딸 바티스틴느는 여전히 그 집에 살고 있고,
딸 쉬잔은 결혼했다. 쉬잔의 아들 자크와
며느리, 손자도 곧 그곳에 자리 잡게 될 것이다.

사철나무(미크로필로스)

Euonymus japonicus

통로 양쪽의 키 작은 사철나무는 전쟁 직전에 심은 것이다. 나는 1990년대에 이들을 옮겨 심어야 했다. 옮겨 심은 후에도 뿌리를 잘 내렸다. 반면, 치명적인 오이듐 균에 점점 더 많이 감염되고 있다. 아주 짧게 가지치기해주면 다시 잘 자라기도 한다.

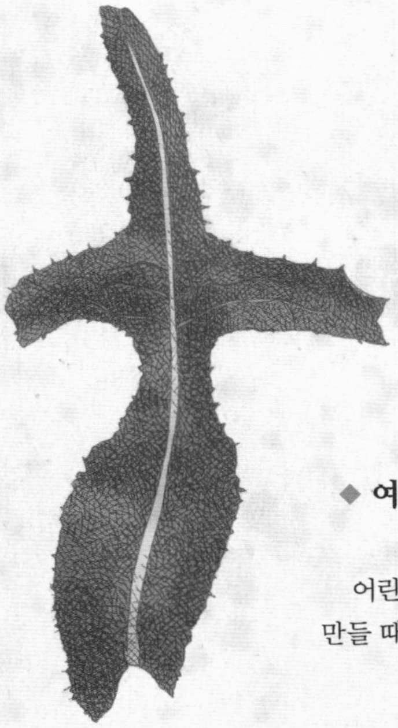

◆ **여러해살이 야생 방가지똥**
Sonchus arvensis
어린 이파리들은 상추 샐러드를
만들 때 민들레 이파리들과 섞어준다.

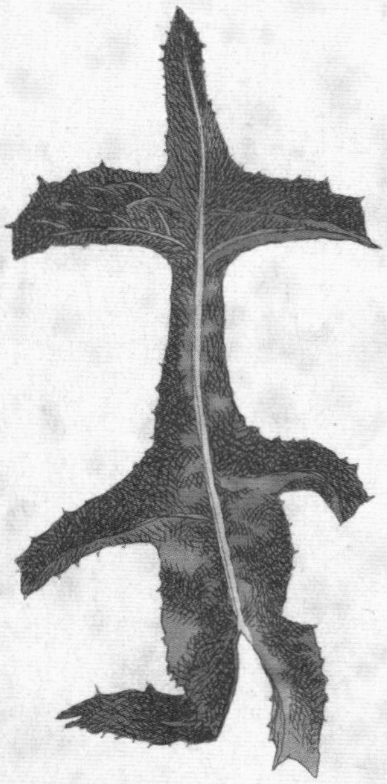

서양자두
Prunus domestica
아직 다 익지 않은 자두

◆ **사향엉겅퀴**
Carduus nutans
번식이 너무 느린 부분들을 지켜보는
나는, 엉겅퀴의 밀동에 신경을 쓰는
경우가 많다. 올해는 뾰족뾰족한
방사형의 이파리들만 볼 수 있을 것
같다. 꽃은 내년에나 필 것 같다.

구스베리
Ribes uva-crispa

(오른쪽 페이지)
진홍나방
Tyria jacobaeae
(일명 '핏방울 나방')
야행성 나방인데, 김매기 때문에
휴식에 방해를 받았다.

구월

올해는 연못에서 총 여덟 마리의 개구리를 보았다. 개구리의 생활은 아주 평화롭다. 오후에는 햇볕을 쬐고 놀다가 내가 가까이 다가가면 한 마리씩 머리부터 물속으로 뛰어든다. 그것도 따분해지면 다른 연못으로 옮겨 가기도 한다. 늘 조심스럽기 때문에 이웃들에게도 좋은 일이다. 해 뜨기 직전에는 이웃에게 바치는 노래를 몇 차례 부르고, 해 질 녘에는 세레나데를 몇 번 부르는데, 티티새 티노의 휘파람 소리보다도 높지 않다.

고요하고 무더운 이 여름밤에도 한창나이의 수컷 두 마리는 경쟁적으로 목청을 높이고 있다. 인근 강에서 온 경쟁자들의 노랫소리에 잔뜩 자극받은 듯하다.

나는 창문을 열어두고 자기 위해 오전에 과감한 결단을 내렸다. 뜰채와 인내심까지 챙긴 나는 문제의 두꺼비 두 마리를 잡아, 길 아래쪽 물가의 풀밭에 놓아주었다.

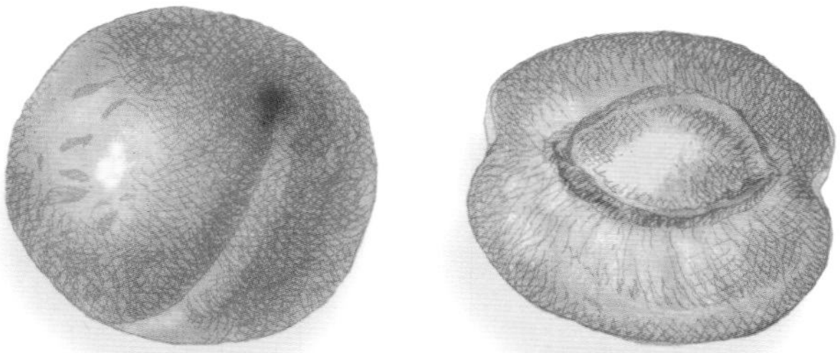

서양자두(골드 재팬)
Prunus domestica

참소금쟁이
Gerris lacustris

물을 밀어내는 소수성(疏水性) 발에 난
미세한 털 덕분에 물 위를 걸어 다닐 수 있다.

수련(파비올라)
Nymphaea 'Fabiola'

유럽개구리밥
Hydrocharis morsus-ranae

조그맣고 하얀 꽃

구리금파리
Lucilia sericata

녹색 파리

유럽참개구리
Pelophylax kl. esculentus

클럽테일잠자리
Gomphus pulchellus

유럽참개구리
Pelophylax kl. esculentus

이 개구리가 늘 녹색은 아니다.
가끔은 밤색을 띤 회색이거나
얼룩무늬일 때도 있다.

개구리들은 오후가 되면 연못 밖으로 나오는 경우가 많다. 행동이 조심스러운 이 개구리는 머리부터 물 밖으로 빼꼼 내밀어 사방을 살핀 후 가장자리를 향해 유유히 헤엄쳐 나온다. 그러고는 양발을 박차고 물 밖으로 뛰어올라 두리번거리기가 무섭게 뒤돌아간다. 익숙한 장소를 벗어난 개구리는 항상 물 쪽을 향하고 있다. 등 뒤에 조금이라도 수상한 낌새가 느껴지면 곧장 뛰어들 수 있도록.

시페루스
Cyperus alternifolius
(우산 파피루스, 우산 쐐기풀)
겨울에는 화분에 심어
집안에 가져다 둔다.

❁

올해의 아기개구리

점박이땅벌
Vespula vulgaris
독침은 암컷에게만 있다.

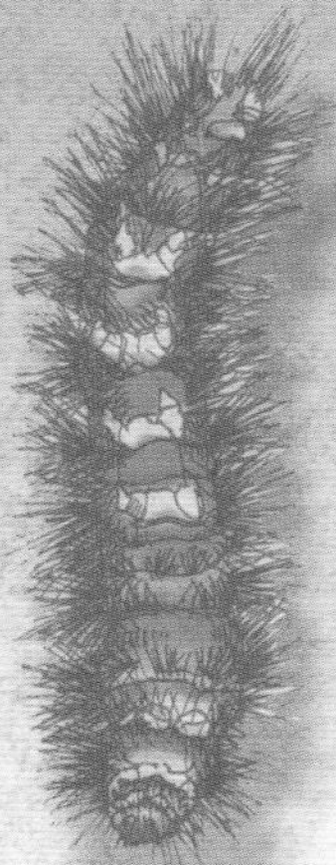

여우나방

Macrothylacia rubi

나비의 털투성이 애벌레의 몸통

큰녹색수풀여치(중베짱이)

Tettigonia viridissima

그림은 암컷이다. 암컷은
날개 밑에 길쭉하게 생긴
산란 기관이 있다.

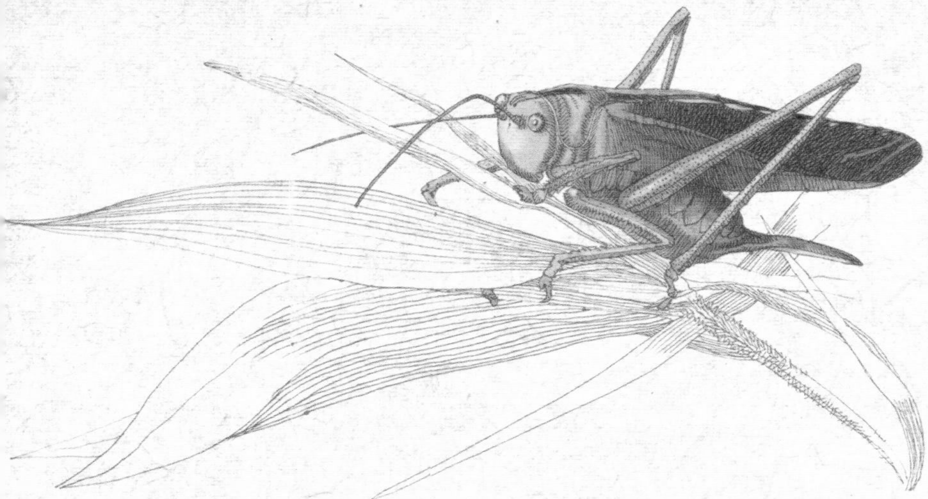

나비바늘꽃

Oenothera lindheimeri

둥근잎나팔꽃

Ipomoea purpurea

중국 황하강가의 부이하(Fuyihe,
夫夷河) 마을에서 이 꽃의 씨앗을
가지고 왔다. 나팔꽃의 변종인
이 꽃의 원산지가 그곳이고,
우리의 화살메꽃에 해당한다고
확신했기 때문이다. 하지만, 그 후
이 나팔꽃의 원산지는 멕시코라는
것을 알게 되었다. 부이하 마을의
주민 하나가, 누구라도 그러하듯,
씨앗을 사 온 것이다!

현관 계단을 나서던 나는 난생처음으로 붉나무에 앉아 있던 그 새를 보았다. 그 노란색 광채가 어찌나 화려하던지, 나는 내 안경 렌즈에 반사된 햇빛인 줄 알았다. 내 정원에서 그 새를 다시 보는 일은 없을지도 모른다. 그만큼 눈에 잘 띄지 않는 새이다. 가을에 아프리카로 떠났다가 봄이 되어야 돌아오는데, 밤에만 날아다니고 잠도 나무 꼭대기에서 잔다. 꾀꼬리를 만나보았다는 설렘이 온종일 가시지 않는 하루였다!

잠자리

Aeshna cyanea

연못가에 앉아 있는 이 잠자리는 이제 막 허물을 벗었다. 그 자리에서 두 쌍의 날개의 주름을 펴기 위해 몇 분 동안 날개를 펄럭대고 나서야 난생 처음 날아오르는 잠자리의 모습을 목격할 수 있었다.

하우스릭

Sempervivum tectorum

꽃을 피운 하우스릭.
오베르뉴(Auvergne) 지방이
원산지인 것처럼 보이는 품종

유럽꾀꼬리
Oriolus oriolus

◆ **참소루쟁이**
Rumex pulcher
마른 꽃자루

재스민
Iphiclides podalirius
이 나비의 숙주가 우리
정원에 있는 자두나무이다.

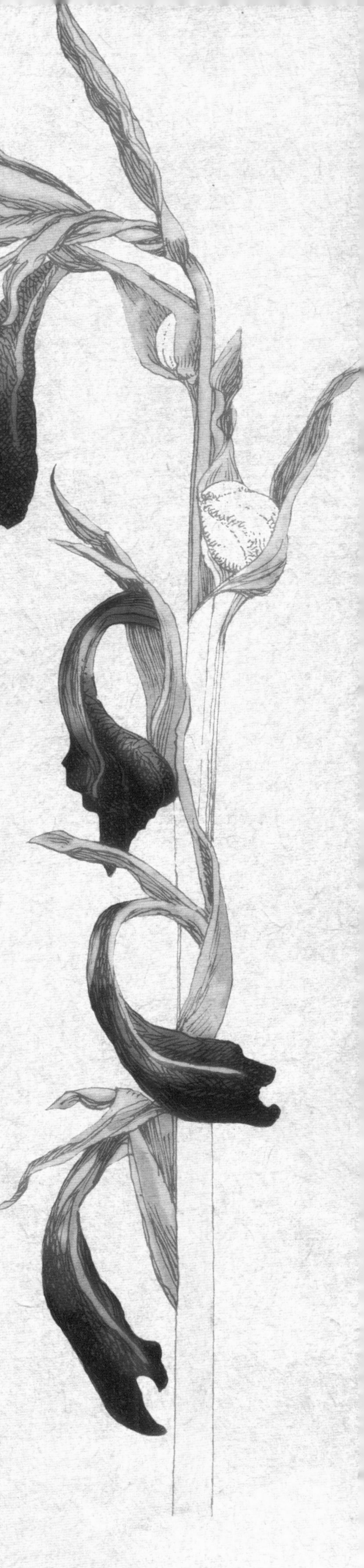

글라디올러스
Gladiolius communis
선 채로 말라버린 꽃

유럽 꽃등에
Helophilus pendulus

◆ **개뽀리뱅이**
Lapsana communis
바짝 말라버린 꼬투리

그림을 그리다가 다리 운동 겸 작업실 밖으로 나올 때는 늘 정원부터 살펴보는 것이 버릇이 되었다. 요즘 나는 한 번도 기대하지 않았던 희귀한 경우를 목격하고 있다. 마당에서부터 천도복숭아 나무 근처까지 이리저리 날아다니는 나비 한 마리를 곁눈질로 지켜보았다. 이리저리 잘 돌아다니는 서너 마리의 큰 흰나비 무리 중 하나라고 생각했다. 그런데 한 가지 이상한 점이 있어서 눈으로 확인해보기로 했다.

사실 그 나비는 멋지고 화려한 재스민이었다. 이 나비는 높이 비상하고 난 뒤에 불규칙하게 푸드덕거리는 경우가 가끔 있었다. 결과적으로 더 아름다워 보이는 이러한 특이함 때문에 나도 모르게 긴장하곤 했다.

토마토와 감자 수확기에
텃밭에서 발견된 변종들

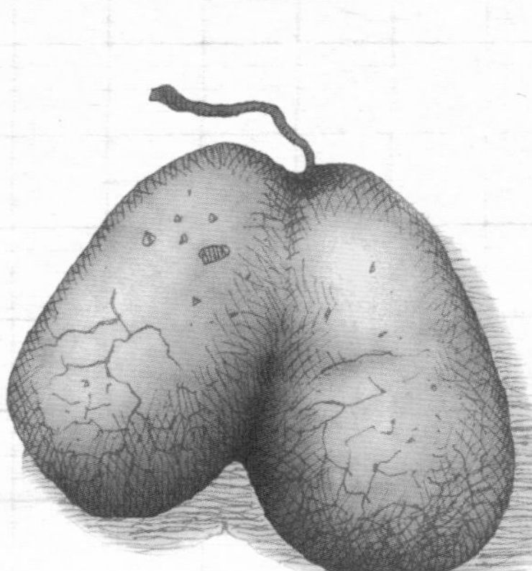

매발톱
Aquilegia vulgaris
대과(씨방이 익어서 생기는 과실)와
씨앗

배벌
Scolia hirta
비트 이파리 위

◆ **부추속 올레라세움**
Allium oleraceum

열두어 마리의 배벌들이 1m^2 정도의 땅 위에 바짝 붙어 열심히 날고 있다. 공격적이지도 않고 조용한 이 말벌들이 도대체 무슨 이유로 정원 안 바로 그 지점을 선택했는지 궁금해졌다. 동물 전문 잡지에서 그 답을 찾았다. 벌들은 잔꽃무지의 애벌레를 찾느라 땅을 파고 있었던 것이다. 애벌레를 발견하면 벌침을 찔러 단번에 마비시킨 후 그 안에 알을 낳는 것이다. 실제로 정원에서 그 손바닥만 한 장소는 2년 동안 채소 찌꺼기로 덮여 있었다. 지난겨울이 끝나갈 무렵 그곳 청소를 하면서 잔꽃무지의 흰색 애벌레들을 많이 발견했다.

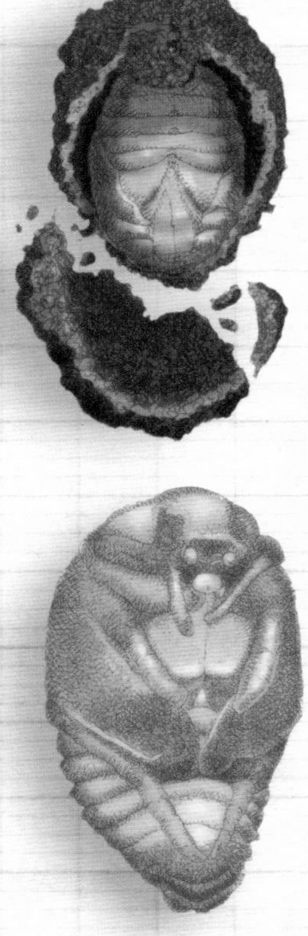

잔꽃무지
Cetonia aurata

1월에 잔꽃무지 애벌레 몇 마리를 저장용 유리병에 흙과 함께 넣어 자전거 차고에 가져다 두었다. 최근 몇 달 동안, 두세 차례 병 안에 습기를 보충해주었고, 그 후로는 어제 처음 다시 들여다 보았다. 애벌레들이 흙과 미세한 유기물 찌꺼기들을 뭉쳐 단단한 껍질 같은 것을 만들었다. 이 껍질 덕분에 벌들은 남의 눈을 피해 애벌레에서 황금빛 녹색 곤충으로 천천히 탈바꿈(약충기)한 후 여기에서 벗어나게 될 것이다.

솔레즈의 파

고트 상추

1963년부터 자크 할아버지는 바퀴 하나 달린 자동 경작기 스토브(Staub)로 땅을 갈았다. 옅은 파란색의 그 기계가 나는 몹시 무서웠다. 거대한 벌레처럼 보였기 때문이다. 휴머니즘의 역사에 크나큰 진보가 이루어졌던 1969년, 할아버지는 경작하기 좋은 그 땅에 첫발을 디디셨다. 이번에는 좀 더 가볍고 안정적인 경작기 하코(Hako)가 있었다. 할아버지는 매년 이 경작기를 청소하고 기름도 가득 채워주며 철저하게 관리하셨고, 그 관리 일지도 기록하셨다. 할아버지는 그 전에도 일지를 쓰셨던 것 같은데, 내가 기억하는 것은 1963년부터이다.

할아버지는 일지에 파종, 모종 내기, 식목 날짜와 특징에 대해 기록하셨고, 가끔은 장소도 써 두셨다. 할아버지는 다양한 품종들을 정확히 기록하는 것도 잊지 않으셨다. 당시는 그냥 파가 아닌 '솔레즈 파'나 일명 '카란탄 괴물 파'만 재배하던 때였다. 상추도 샐러드용 상추가 아닌 풀 상추나 양상추를 먹었다고 한다. 할아버지의 일지는 본인의 기분이나 속말은 전혀 담지 않은, 철저히 실용적인 기록이었다. 수확이 변변찮을 경우 한 줄이 끝나고 나면 '0'을 추가로 쓰거나, '너무 늦게 심음' 정도의 메모를 덧붙인 게 전부였다. 이 노트는 임대차 계약을 하는 데에도 도움을 주었을 뿐 아니라, 앞으로의 경작 조건을 개선하는 데에도 일조하였다.

가정생활에서도 급속도의 진보가 이루어졌다. 1970년에 텔레비전을 샀고, 컬러 사진 카메라는 1971년에 구입했다. 1975년에는 화장실이 정원을 떠나 부엌 한쪽의 작은 공간으로 따로 자리 잡았다. 매일 요강을 치워야 하는 노역이 드디어 사라진 것이다! 그리고 전화기가 부엌 찬장 옆 낮은 탁자에 등장했다. 질레트 할머니는 "1977년 4월, 우리 집에도 전화기가 생겼다. 실감이 잘 나지 않지만, 이 선 끝에 누군가가 있다는 것을 나도 알고 있다."라고 일기에 썼다. 어쩔 수 없이 이웃집에 가서 전화를 빌려 쓰거나 걸려 온 전화를 받으러 가야 하는 시대는 끝난 것이다. 더군다나 여기에는 비용도 들었다. 할머니에게 제일 중요한 것은 다른 사람들에게 절대로 불편을 끼치지 않는 것이었다.

할머니도 일기를 쓰셨다. 전쟁 전에 태어난 훌륭한 전업주부인 할머니는 집안의 수입과 지출뿐 아니라, 월말이면 전체 비용에 정확하게 밑줄까지 그어두셨다. 할아버지와는 달리 할머니는 속내 이야기도 쓰셨고, 라디오에서 들은 여러 가지 좋은 말들도 기록해두셨다.

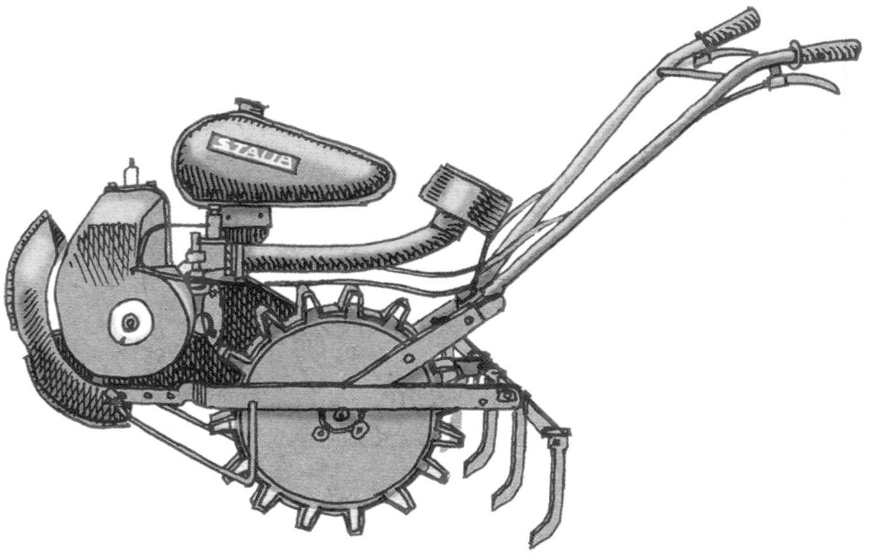

식당 안락의자 위에 앉은
고양이 키키. 자크 할아버지가
정원 일지 뒷면에 그린 것이다.

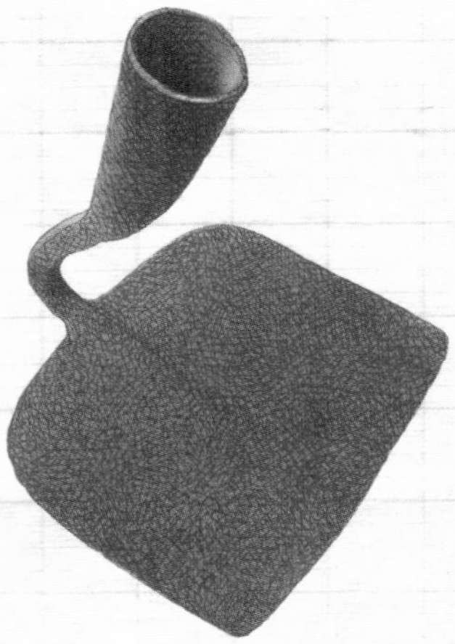

괭이

나는 지하의 포도주 저장실에
오래된 경작 도구들을 그대로
보관하고 있다. 수십 년 동안 쓰고
또 써서 그 무겁고 두꺼운 금속들의
끝이 무뎌져 있을 정도로 낡았다.
여러 자루의 괭이는 날도 갈고
자루도 새로 바꿔야겠다.
세월은 이렇게 흘러간다.

1965년에 병으로 막내아들을 잃고 난 후, 두 분의 외로움은 그 무게를 가늠하기 어려울 정도가 되었다. 보이지 않는 조기(弔旗)가 집안과 정원을 온통 뒤덮고 있는 듯했다. 체념하고 받아들이는 두 분의 슬픔은 집안 곳곳에 추억이 가득 스며들게 했다. 할머니는 여생의 매 순간, 그 희미한 미소 뒤에서 북받쳐 오르는 눈물을 가까스로 참고 계셨던 것이다.

정원 안쪽에 닭장과
토끼집이 있다.
앞쪽 바구니에 담긴 것은
수확한 꼬투리 강낭콩이다.

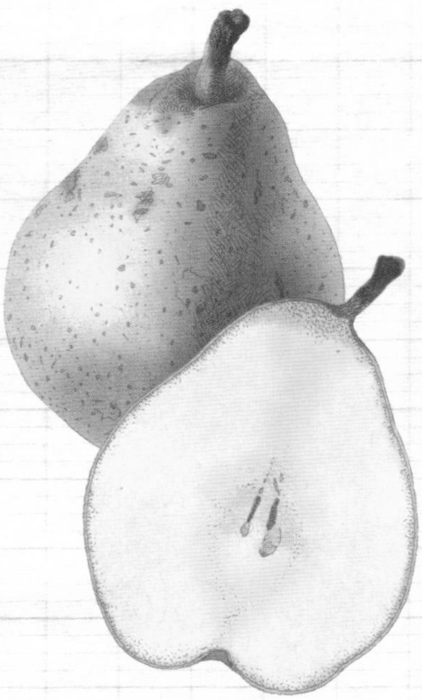

서양배

Pyrus communis

정원 옆에는 과수원이 있었는데,
특히 배나무가 많았다.
나는 아직도 지하 저장실
채반에 담겨 있던 배의 향기를
기억하고 있다. 할머니는
힘든 경제적 상황에서 벗어나기 위해
배를 수확하여 이웃에 팔았다.
할머니는 로베르발 저울 한쪽에
작은 저울추를 놓고 배의 무게를 단 뒤,
종이봉투에 조심스럽게 옮겨 담았다.
할아버지는 2월이면 배나무의
키를 측정하고, 봄에는 구리로 된
살포기를 매고 방충제를 뿌리셨다.

강낭콩

콘샐러드

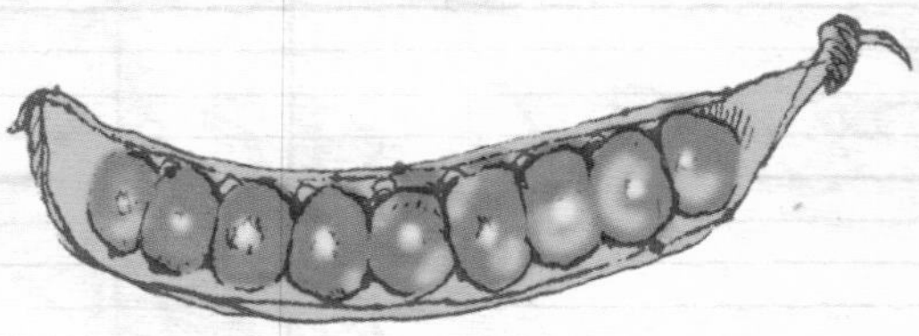

완두콩

상추

18일 된 비트

양상추

겨울 상추

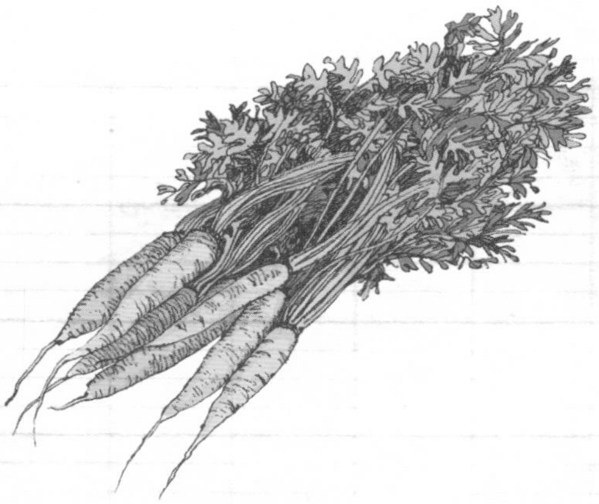

콜마 당근

바타비아 상추

흰 양파

치커리

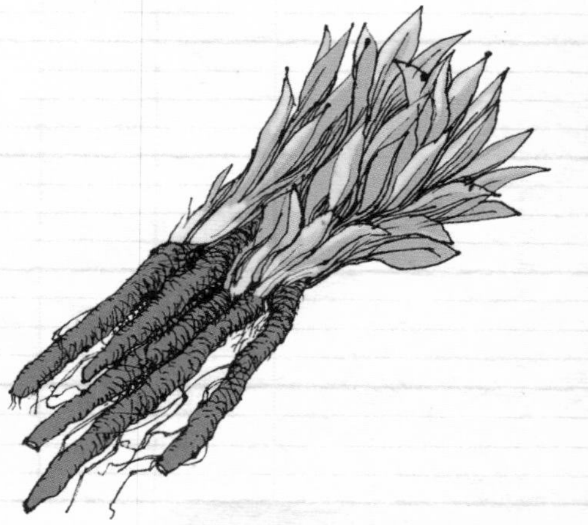

번행초(여름 시금치)

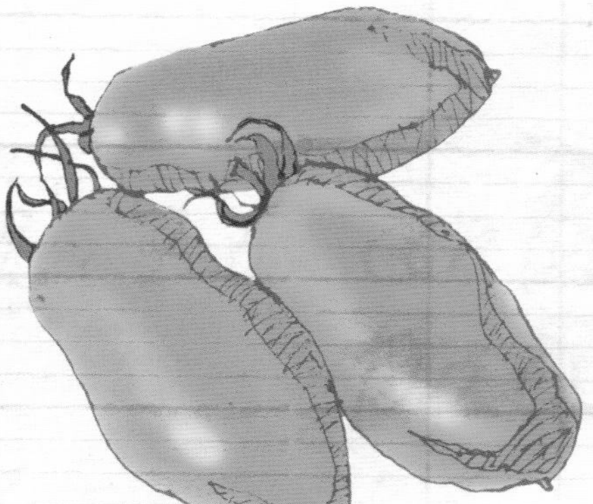

산 마르자노 토마토

5월의 여왕 상추

얼음의 여왕 상추

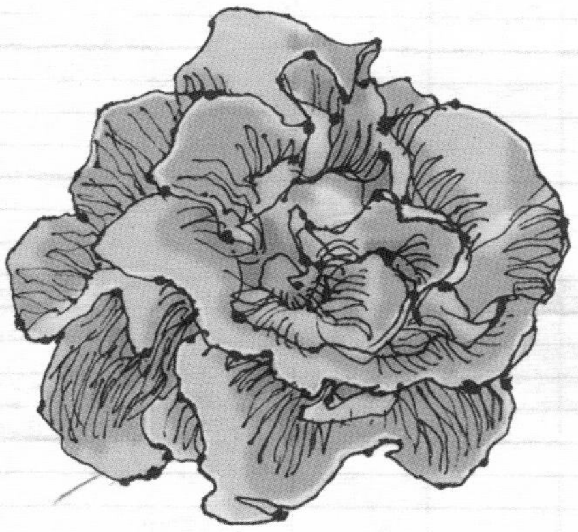

고트 상추

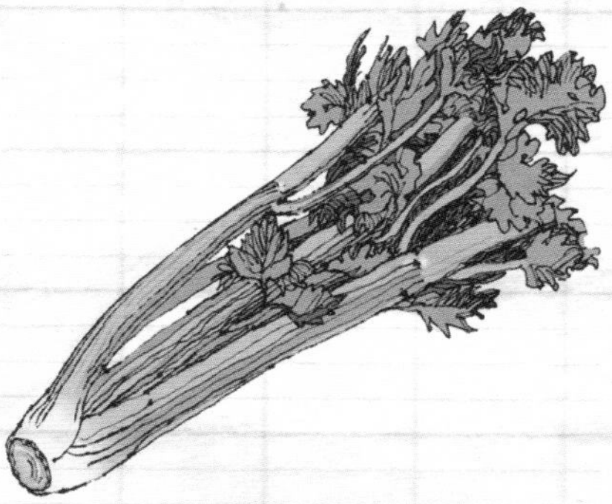

샐러리

사계절 상추

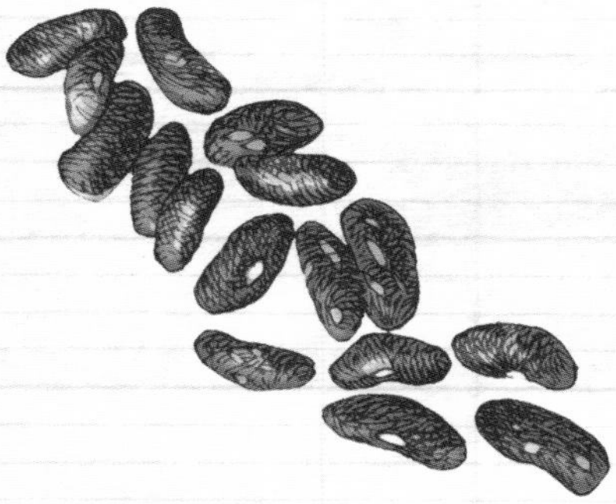

강낭콩

전화선 완두콩

회색 염교

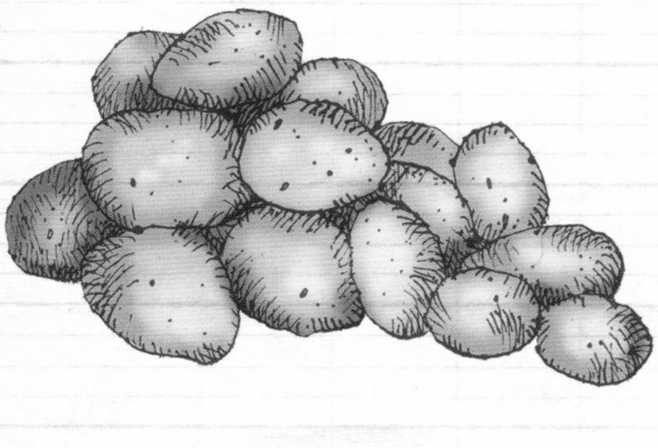

빈치 감자

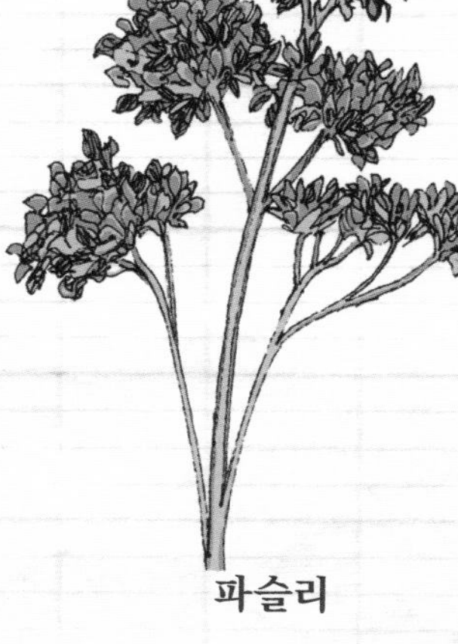

파슬리

로메인 상추

미국 담쟁이덩굴

Parthenocissus tricuspidata

불나방 한 마리가 미국 담쟁이덩굴 이파리 위에 앉았다. 이 담쟁이가 집 담장 위로 맘껏 자라나는 바람에 매년 걷어내 주어야 했다. 사방으로 뻗어나가는 어린싹들의 끄트머리는 어떤 단단한 표면에 닿게 되면 끈끈한 빨판으로 변한다. 그때는 엄청난 접착력을 자랑하는 풀 같은 물질을 분비한다.

염주비둘기

Streptopelia decaocto

우는 소리가 비교적 크고 위협적인 소리를 낸다는 점에서 집비둘기와 구별된다.

8월

그 누구보다도 사람 좋기로 유명한 나의 할머니는, 할머니 본인의 말씀에 따르면, 단 한 번도 화를 내본 적이 없고, 욕을 해 본 적도, 남의 험담을 해본 적도 없다. 그런 할머니가 당황하거나 난처한 상황에 부닥쳤음을 말해주는 짤막한 단 한 마디는 바로 '노린재'이다. 양말을 기우시다 바늘에 손가락이 찔렸을 때 할머니는 휘파람을 불듯 "이크! 노린재!"라고 말했고, 내가 멍청한 짓을 저지를 때에도 내게 "노린재!"라고 하셨다. 물론 그럴 때도 그 타고난 온화함은 그대로셨다.

◆ 애기누운주름
(로마의 폐허)
Cymbalaria muralis

붉은양배추잎벌레
Eurydema ornata
어린 벌레와 다 자란 벌레

별노린재
Pyrrhocoris apterus
어린 별노린재

녹색방패벌레

Palomena prasina

이 노린재들은 특히
근대 잎 위에서 산다.

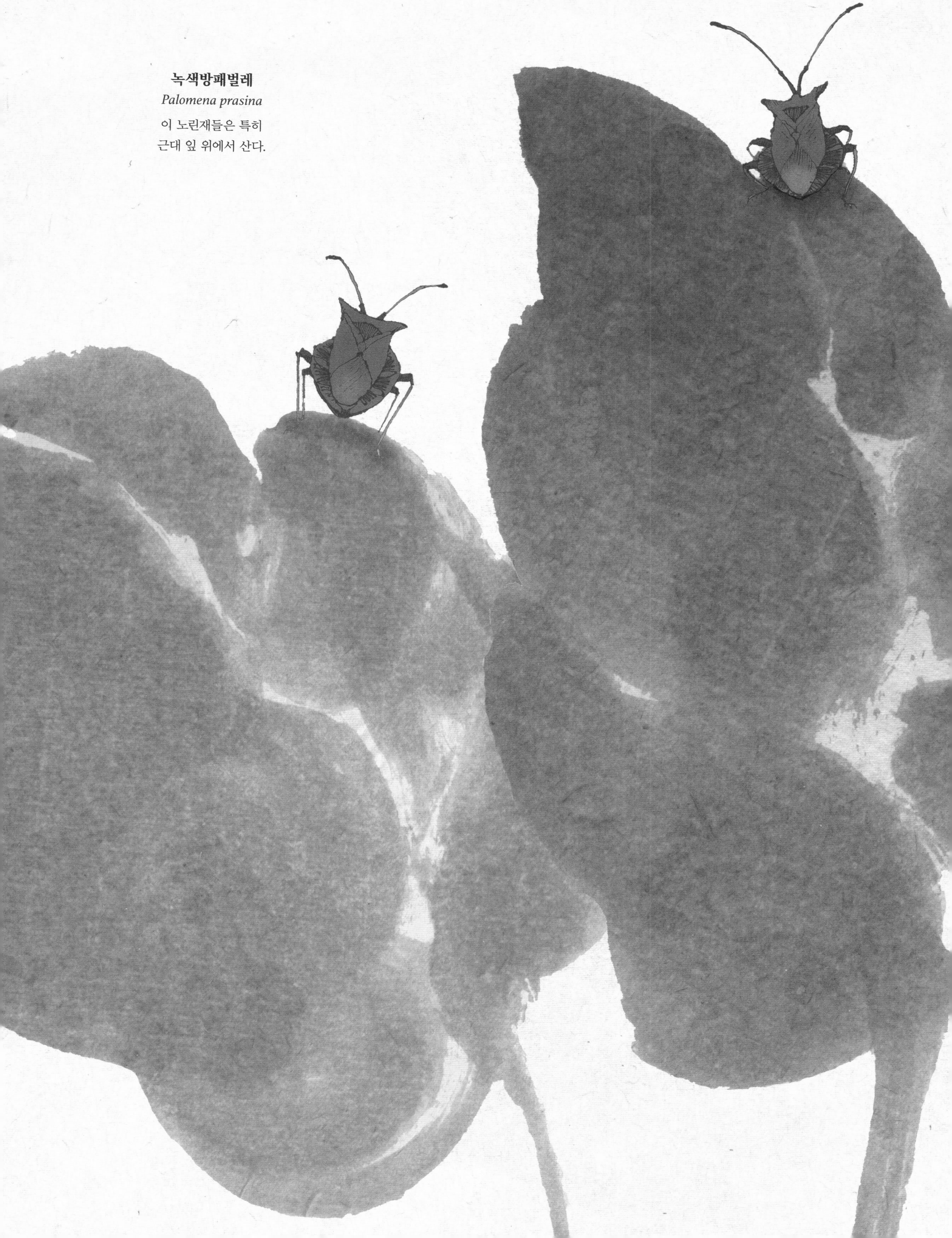

딜

Anethum graveolens

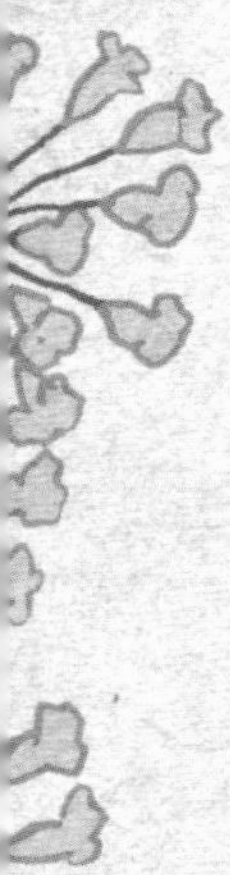

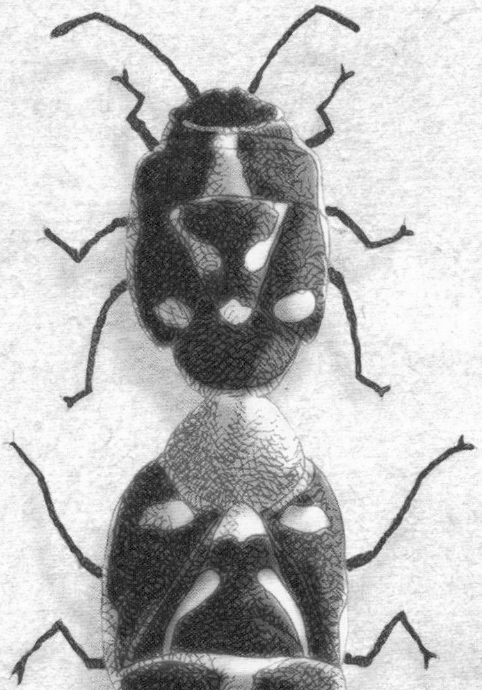

양배추노린재
Eurydema oleracea
짝짓기 중이다.

유럽쌍살벌
Polistes dominula

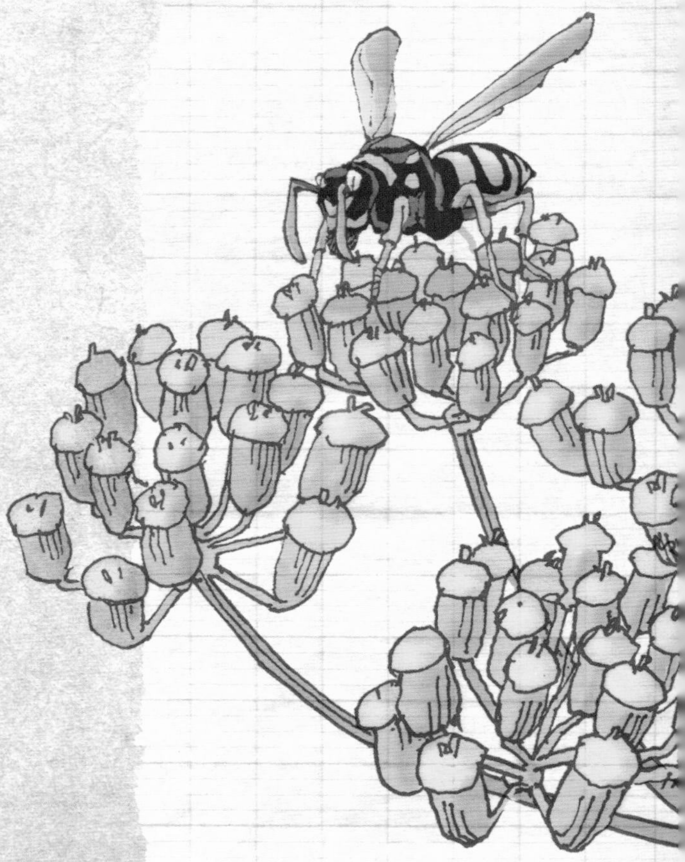

줄무늬노린재
(일명 광대 노린재)
Graphosoma italicum

검고 붉은 줄무늬가
축구 유니폼과 비슷해서
'인터밀란노린재'라고
불러도 될 듯하다!
(오른쪽 : 유충)

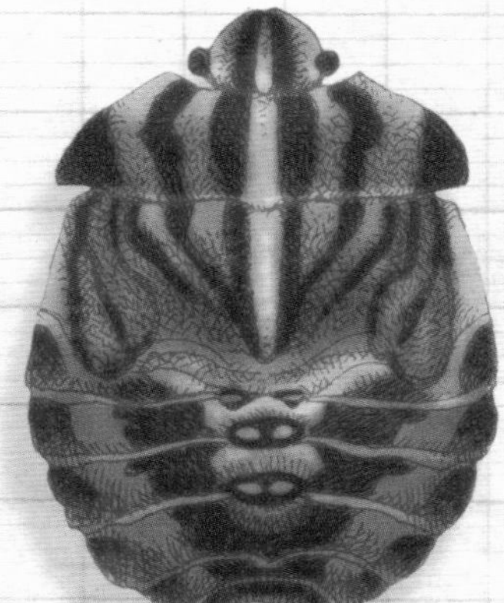

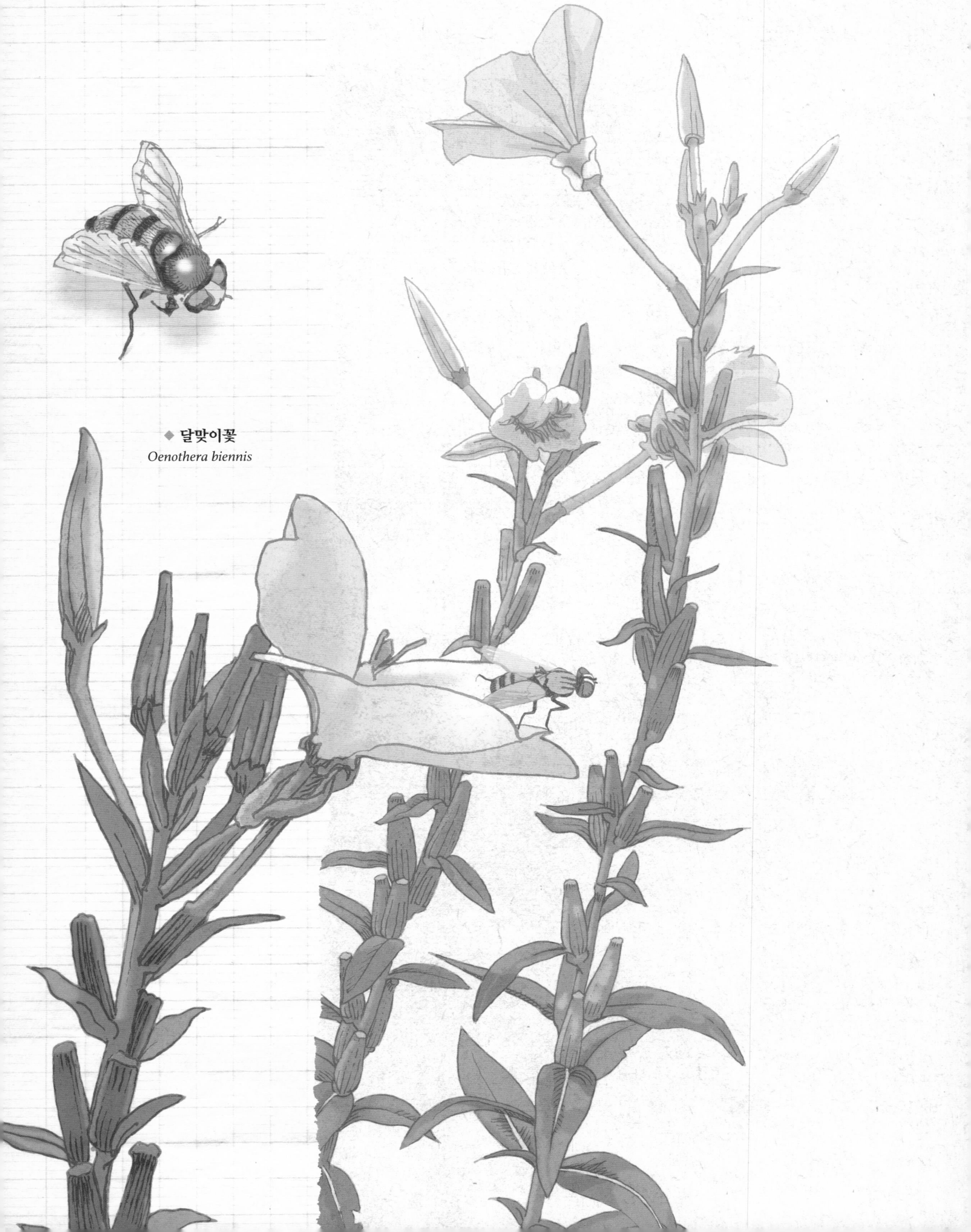

◆ 달맞이꽃
Oenothera biennis

토마토
Solanum lycopersicum

중베짱이
Tettigonia viridissima

보라색 땅딱정벌레
Carabus violaceus

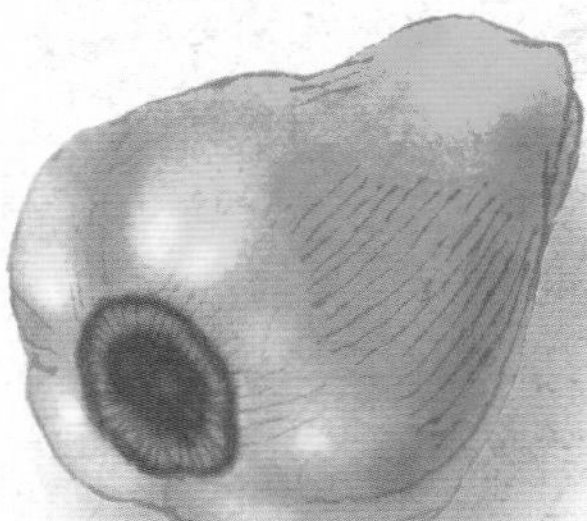

올해, 나는 35피트에 달하는 토마토를 볼 때마다 아주 뿌듯하다. 2월에 솜털이 보송보송한 토마토 씨를 창문 뒤에 있는 요거트병에 심은 뒤 토마토는 무럭무럭 잘 자랐다. 나는 벌써 불그스레해진 첫 번째 송이들이 크게 자랄 수 있도록 해로운 가지들과 가장 약한 꽃송이들을 계속 뜯어 주었다.

두 주 전부터는 매일 저녁 두 손 가득 토마토를 따 부엌으로 가지고 들어온다. 식솔들을 먹여 살린 옛 사람들의 의기양양하고 뿌듯한 표정을 지으면서 말이다.

그런데 이런! 오늘 아침, 하나, 아니 두세 개의 토마토 아랫바닥에 갈색 기가 도는 물방울무늬가 눈에 띄었다.

일명 '검은 엉덩이' 병!

아마추어 농부의 오만함이 순식간에 두려움으로 바뀌는 순간이었다. 물론 나는 한여름에서 습한 추위로 넘어가는 기후가 토마토에 위협이 되리라는 것을 알고 있었다. 이러다 월말에는 검은색, 적갈색, 병적으로 새하얀 줄무늬투성이 토마토밭이라는 굴욕을 감수해야 하는 건 아닐까?

몰리스
Acanthus mollis

붉은양배추잎벌레
Eurydema ornata

유럽사슴벌레
Lucanus servus
수컷의 아래턱은
아주 특이한 모양이다.

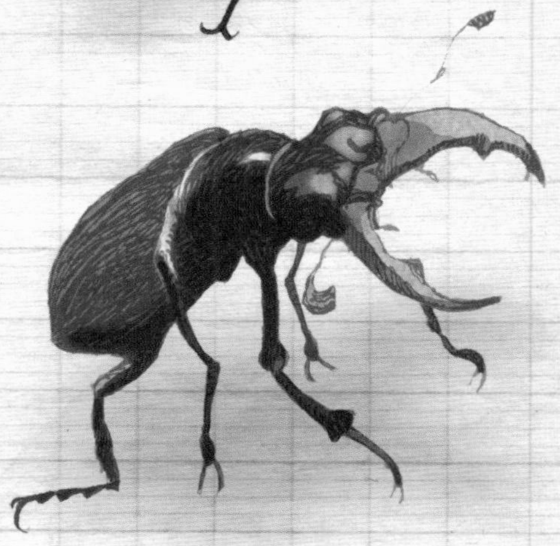

내가 많은 시간을 바쳤음에도 내 정원이 전문 잡지에 나올법한 정원은 아니라는 점이 가끔은 아쉽기도 하다. 잡지에 등장하는 정원들은 통로의 바닥이 깨끗하게 청소되어 있다. 우리 정원의 통로에는 잘라낸 나뭇가지 더미들이 늘 이리저리 굴러다니고, 잡초들이 마구 자라고 있다.

연못에 빠져 힘들게 절벅거리고 있는 사슴벌레를 건져냈을 때 내 머리에 떠오른 것은, 이 곤충이 우리 정원의 가장 위풍당당한 곤충으로 자라기 전, 나무를 파먹고 살던 애벌레 시절에는 내가 미처 치우지 못했던 그 나뭇가지들 아래에 살았을지도 모른다는 것이었다.

이 손바닥만 한 정원의 모든 것을 철저히 관리하겠다는 것은 우울한 편집증적인 목표이다. 나는 정원의 여기저기를 그냥 자연스럽게 내버려 두어야 한다고 마음을 고쳐먹었다.

큰배추흰나비
Pieris brassicae

(녹색)장미풍뎅이
Cetonia aurata
일명 정원의 '보석'

멍덕딸기
Rubus idaeus

나의 큰아들은 에너지가 넘치던 세 살 때부터 사다리를 능숙하게 오르내릴 수 있었다. 그래서 나는 금붕어가 살던 연못 근처의 필로티(건축물을 지지하는 기초 말뚝) 위에 예쁜 오두막을 지어주고 그곳에서 근사한 모험을 즐길 수 있게 해 주었다. 하지만 이 장난꾸러기 오두막 주인이 비디오 게임에 눈을 뜬 이후, 그곳은 거의 버려지다시피 했다. 그러다 금세 굴뚝의 땔감용 장작들을 넣어두는 헛간으로 변해 버렸다.

이 오두막이 훌륭했던 건 전문가가 만든 완벽한 오두막이 아니라 아이와 함께 널빤지 몇 장과 못 몇 개로 뚝딱뚝딱 손수 만든 오두막이었기 때문이다. 이 사실을 나는 잊어버리고 있었다. 하다 보면 재료들이 내 맘대로 움직이지 않기도 하고, 망치질에 손가락을 다치기도 한다. 그러면서 하나의 공간을 만들어가는 법, 계획적으로 일하는 법을 혼자 터득하게 된다. 상상력이란 이러한 자율성을 통해 더욱 풍부해지는 것이 아닌가! 지금 어른들의 세계와는 거리가 멀다.

오늘, 이제 이 오두막에는 내가 들어가야 하는 게 아닌가 하고 곰곰이 생각해본다. 아빠가 되면서 이제는 완전히 떠나온 내 유년기의 마지막 여행지로.

금붕어
Carassius auratus

◆ **블랙베리**
Rubus ulmifolius

세 개의 연못이 있다.
그중 한 연못가에 앉은
엘리자베스.

1968 모험으로 가득한 정원

아픈 막내아들 걱정으로 경황이 없었던 할아버지와 할머니였지만, 큰아들의 결혼은 제대로 치르려고 애를 쓰셨다. 큰아들의 결혼은 임박해 있었다. 나이 어린 며느리의 뱃속에 이미 아기가 자라고 있었기 때문이다. 나중에 자라 이 정원에 대한 이야기를 쓰게 될 바로 그 아이이다. 정원에 어울릴 법한 비유를 하자면, 불행히도 결혼이라는 접붙이기는 실패하고 말았다. 오 년 후, 큰아들 부부는 떠들썩하게 갈라섰기 때문이다.

나는 이 정원에서 자랐다. 처음에는 갑자기 가정을 꾸리게 된 이 부부를 위해 마련한 다락방에서 살았고, 그 후에는 아버지가 정원 안에 새로 지은 집에서 살았다. 열 살이 될 때까지 나는 이 높은 담장 안에서 내 인생의 가장 눈부신 시기를 보냈다. 나는 수평선까지 펼쳐진 풍경이란 걸 본 적이 없었다. 나의 세계는 과실수들, 꽃이 만발한 주춧돌을 따라 줄지어 심은 채소, 그 위에 펼쳐진 하늘로 이루어져 있었다.

학교에 갈 때면 다른 집 밭 담장들 사이의 움푹한 길을 따라 걸었고, 운동장 뒤쪽에 버려진 포도밭의 잡초를 밟고 다녔다. 나는 가지런히 정리해놓은 신발장 같은 세상에서 살았다. 갇혀 있다고 느낀 적은 단 한 번도 없었고, 오히려 때늦은 서리를 맞은 살구처럼 보호받고 있다는 느낌이었다. 열 살 먹은 남자아이들이 다들 그러듯, 내가 처음으로 바깥세상을 만난 날은 바로 밭의 담벼락을 기어오르는 데 성공한 날이었다.

나는 담벼락에 아슬아슬 매달린 채 두 발을 버둥거리며 주변의 다른 신발장들 속에 무엇이 들어있는지 볼 수 있었다. 과실수들, 꽃이 만발한 주춧돌을 따라 줄지어 심은 채소, 우리 정원에서 보이는 하늘보다 훨씬 더 넓은 하늘, 빨래를 널고 있는 아주머니, 원피스 차림의 한 소녀. 그녀의 신발장은 반대편 길 쪽에 있었기 때문에 한 번도 본 적이 없었다. 나는 담장에 올라가 돌아다니는 버릇이 생겼다. 할머니는 걱정으로 사색이 되곤 하셨다.

나는 고양이들이 다니는 담장 길에 익숙해졌다. 고양이들은 우리 동네의 이 쪽 끝에서 저 쪽 끝까지 밤낮으로 돌아다녔는데, 담장 위의 길로만 다녔다.

술오이풀

Sanguisorba minor

오이풀 이파리들

⁂

현관으로 올라가는 계단은 아주 중요한 의미가 있다. 바깥으로 난 발코니이면서 정원과 집을 이어 주는 공간인데, 공식적이고 특별한 날을 영원히 기념하기 위해서라면 이보다 더 상징적인 장소는 없다. 두 개의 계단이 만나 더 높은 곳에 있는 하나의 입구를 향하고 있기 때문이다.

사과

(일명 '헤네트의 여왕')

Malus domestica

9월

오늘 저녁, 산책을 나와 계단에 서서 마른 풀을(합법적인 것으로) 얇은 종이에 말아 담배처럼 피우고 있는데, 정원 저 안쪽에서 바스락거리는 풀 소리가 들렸다. 새? 아니, 그런 경우는 드물었다. 두꺼비? 아니, 자기 주거지인 수도꼭지 아래에서 그렇게 멀리까지 가지는 않았을 것이다. 그렇다면 고슴도치? 고슴도치가 분명했다.

매년 고슴도치 한 마리가 길을 따라 올라와 벌어진 지표수 배출용 호스를 타고 정원 안으로 며칠씩 들어와 있곤 한다. 연못에 물을 대기 위해 호스의 방향을 미리 정원 쪽으로 돌려놓은 탓이었다. 나는 휴대용 랜턴을 들고 우리 정원의 새로운 주인을 맞이하러 가보았다. 다 자란 어미는 아니었고, 이제 막 아기 티를 벗은 고슴도치였다.

어제저녁부터 밤새 비가 조금 내렸다. 한 달 만에 내리는 비였다. 정원은 비를 간절히 바라고 있었다. 벌써 누런색으로 변한 위험한 나뭇잎들도 있었다. 한바탕 비를 뿌려주지 않으면 식물들이 이런 가뭄을 견뎌내기란 쉽지 않을 것이다. 가뭄을 전혀 개의치 않는 식물도 있긴 하다. 동물 중에 낙타가 있다면, 식물 중에는 접시꽃이 있다.

오늘 아침 쏟아진 비 덕분에 새들은 다시 노래를 부르기 시작했고, 식물들은 오랜 무기력에서 벗어나 말끔히 세수했다. 습기를 다시 회복해서일까? 오늘 저녁 그 고슴도치는 정말 부산스럽게 움직이고 있다. 동에 번쩍 서에 번쩍하며 바스락 소리를 낸다. 정말 특이하다! 나는 휴대용 랜턴을 들고 이 의문을 해결하러 간다.

접시꽃
Alcea rosea

두꺼비
Bufo bufo
올 여름 태어난 새끼 두꺼비

아네모네
Anemone hupehensis
아네모네 위에
뒝벌 한 마리가 앉았다.

유럽고슴도치
Erinaceus europaeus

금잔화
Calendula officinalis
정원 금잔화

아니, 네 마리잖아! 나는 놀라우면서도 그만큼 정신이 없다. 작은 고슴도치 네 마리가 마른 나뭇잎 위에서 천천히 이리저리 돌아다니고 있다. 한 배에서 나온 네 마리였다! 세 마리는 내가 다가가자 몸을 동그랗게 만들었고, 한 마리는 계속해서 먹고 깡충깡충 뛰어다닌다.

바닥을 샅샅이 살피던 나는 마침내 엄마 고슴도치를 발견했다. 늙은 벚나무 발치에 몇 달째 버려둔 채 잊고 있었던 컴컴한 잡초 더미 속에 있었다.

이제야 사건의 전말을 알았다. 새끼 고슴도치들은 밖에서 들어온 것이 아니라 올해 우리 정원 안에서 태어난 것이다. 정원사의 게으름이 또다시 보상받는 순간이다!

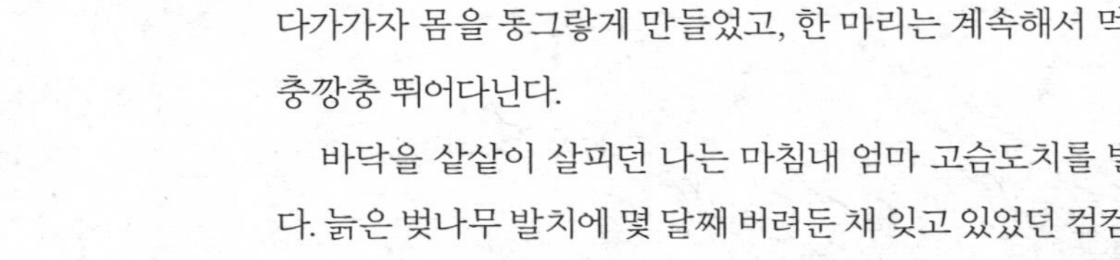

큰붉은슬러그
Arion rufus

박새

Parus major

배 가운데의 검은색 세로줄의
폭이 얇으면 암컷이다.
수컷이 더 넓다.

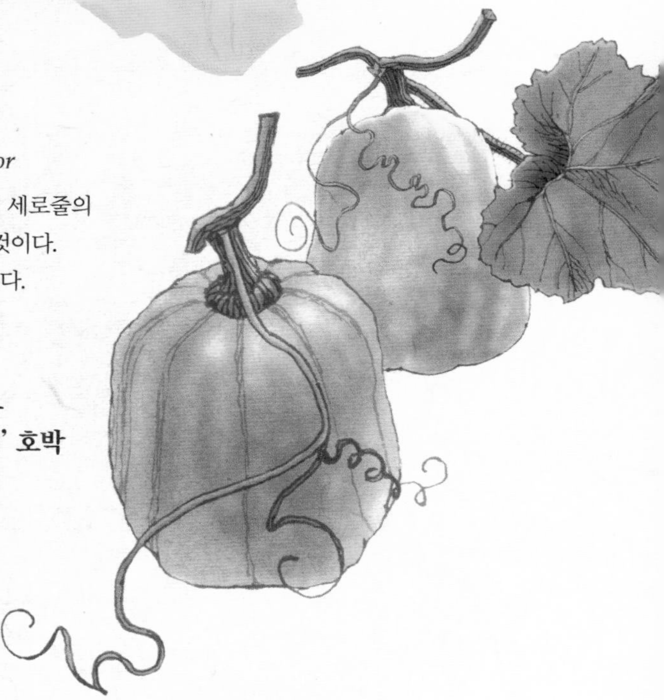

호박꽃과
'버터넛 스쿼시' 호박

'파티두' 호박

어릴 적 동화책 시리즈를 읽고 나서 가장 먼저 결정한 나의 직업은 바로 스파이였다. 나는 최대한 할아버지 가까이 다가가곤 했지만, 할아버지는 나의 임무를 전혀 눈치채지 못하셨다. 그런데 신기한 것은 내가 최대한 몸을 숨기고 어떤 소리도 안 내려고 아무리 애를 써도, 어느 순간 할아버지는 화분에서 몸을 일으켜 내 쪽을 바라보신다는 것이었다. 할아버지는 나를 보지 못하셨지만, 본인이 만든 이 질서정연한 작품 속에 뭔가 낯선 녀석이 침입했다는 것을 육감으로 눈치채셨다. 할아버지는 당신이 태어난 후 늘 정원을 보고 자랐으며, 약 40년에 걸쳐 손수 가꾸어 온 이 정원에 모든 것을 다 바치셨다. 그날 저녁, 일을 마치고 들어오셨을 때 할아버지는 연장 하나가 엉뚱한 곳에 가 있고, 화단 가장자리는 뭉개져 있다는 사실을 이미 알고 계셨다. 할아버지의 모든 신경은 정원 구석구석 미치지 않는 곳이 없었다.

무궁화
Hibiscus
변이형 루나

(꽃 속의) **흰줄꽃등에**
Eristalis pertinax

호텐토타파리
Villa hottentotta
솜털이 보송보송한
이 파리는 멀리서 보면
벌처럼 보이기도 한다.
제자리 비행에 능숙하다.

숲(산)비둘기
Columba palumbus

비둘기 커플은 사랑과 민물을 먹고 산다. 월계수 나무 속의 줄기 교차 지점에 두꺼운 나뭇가지들을 쌓아 대충 지은 것이 이들의 둥지이다. 촘촘하게 엮어 만들어 안락하고 부드러우며, 작은 조각들로 장식까지 한 티티새의 둥지와는 전혀 다르다. 비둘기 부부는 금슬이 아주 좋다. 평생을 함께 살며, 아침마다 둥지를 짓고, 여름철에는 하루에 두세 시간씩 먹이를 찾아다닌다. 하루가 끝나갈 무렵에는 거리의 전선에 올라앉아 가볍게 입맞춤도 한다.

큰꿩의비름
Hylotelephium telephium

헤데리폴리움
Cyclamen hederifolium
덩이줄기

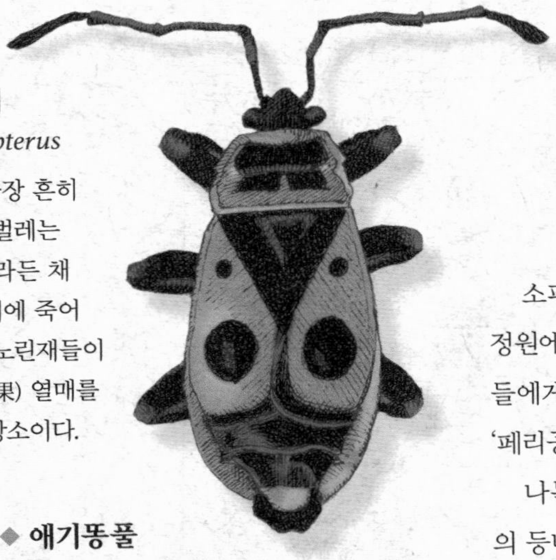

별노린재

Pyrrhocoris apterus

우리 정원에서 가장 흔히 볼 수 있는 이 벌레는 발이 말라 오그라든 채 야생 접시꽃 발치에 죽어 있었다. 이곳은 이 노린재들이 한데 모여 수과(瘦果) 열매를 즐겨 포식하는 장소이다.

소피에게서 애기부용의 꺾꽂이 가지를 선물 받았다. 정원에는 친구들이 선물한 식물이 많이 있다. 이런 식물들에게는 그 친구들의 이름을 붙여준다. 장미 품종 중에 '페리공드의 지슬레인' 장미라는 게 있는 것처럼.

나는 보통 등나무 가지를 자르지 않지만, '마리-애닉의 등나무'나 '장-뤽의 능소화'는 가지를 쳐준다. 원산초는 원래 다듬지 않고 그냥 두지만, '클로드의 원산초'는 다듬는다. 이런 식물들 옆을 서성일 때면 그 사랑스러운 기증자들이 떠오른다. 내 정원 덕분에 나는 많은 것을 기억할 수 있다.

◆ **애기똥풀**

Chelidonium majus

이 야생풀의 특이한 유액(乳液)은 많이 알려져 있는데, 사마귀를 치료하는 효과가 있다. 나도 그 효능을 경험해 본 적이 있고, 그 효과를 증명할 수도 있다. 이 풀의 프랑스어 이름은 그리스어 '제비'와 관련이 있는데, 이 식물의 꽃이 피기 시작할 때 제비가 날아오고 꽃이 질 때 제비가 떠나기 때문이다. 제비들이 우리 정원의 하늘에서 자취를 감춘 지는 벌써 몇 년이 되었다.

애기부용

Anisodontea capensis

산호붓꽃
Iris foetidissima

사프란
Sternbergia lutea

헤데리폴리움
Cyclamen hederifolium

정원 땅 여기저기에서
솟아오르는데, 잎이 없이
돋아난다. 이런 가뭄 때는
오직 꽃에만 집중하는 것이
아닌가 싶기도 하다.

능소화
Campsis radicans

생기 없이 시든 능소화

녹색 방패벌레
Palomena prasina

토마토에서 주로 발견된다.
위쪽은 어린 방패벌레이고,
아래쪽은 새끼와 어미의
중간 단계이다.

내 처남의 아버지가 무화과 나뭇가지 몇 개를 원산지인 알제리, 좀 더 정확히 말하면 카빌리에서 가지고 오셨다. 그중 두 개를 선물 받은 나는 가을에 그 가지를 땅에 심었다. 이듬해 봄, 어린 가지 중 하나에서 새싹이 돋아나는 게 보였다.

그때부터 무화과는 거침이 없었다. 나의 정원 관리 능력보다 훨씬 더 빠른 속도로 자라났다. 나는 쉬지 않고 가지를 치고, 톱으로 잘라댔다. 무화과 가지는 휘어지고, 부러지면서도 또다시 땅에 뿌리를 내렸다. 무화과가 차지하는 면적이 더 늘어났다. 많은 시간을 무화과에 할애해야 할 것 같다.

벽도마뱀
Podarcis muralis

샤슬라포도
vitis vinifera 'Muscat blanc'
가뭄과 기록적인 더위 때문에
포도의 크기는 줄어들었지만,
그만큼 당도가 높아졌다.
포도나무 아래를 지날 때마다
포도 낱알을 따서 먹어보면
정말 사탕이 따로 없다.

◆ **까마중**
Solanum nigrum
이 야생풀은 소위
'마녀의 풀'로 유명했다.
익히지 않은 열매는
독성이 있기 때문에
나는 익힌 열매도
먹고 싶다는 생각을
한 번도 해본 적이 없다.
연고를 만들 때 들어가는
성분으로, 이 약을 바르면
사람이 늑대인간으로
변한다고 한다.

정원을 줄기차게 독차지한 대가로 무화과나무(사람들이 떼를 지어 지나가도 무화과나무는 길을 내주지 않았다)는 7월 초가 되면 일 년 전에 열매를 맺었던 가지를 통해 우리에게 맛있는 무화과를 몇 킬로그램씩 선물한다. 당해의 가지에서도 그만큼의 무화과가 열린다. 무화과는 격년으로 열매가 열리고, 일 년에 두 차례 수확한다. 첫 번째로 수확한 무화과는 크고 껍질이 얇지만, 두 번째 무화과는 작고 껍질이 두꺼우며 육질이 더 단단해 설탕에 절인 잼에 가깝다.

무화과나무
Ficus carica
무화과 잎의 뒷면

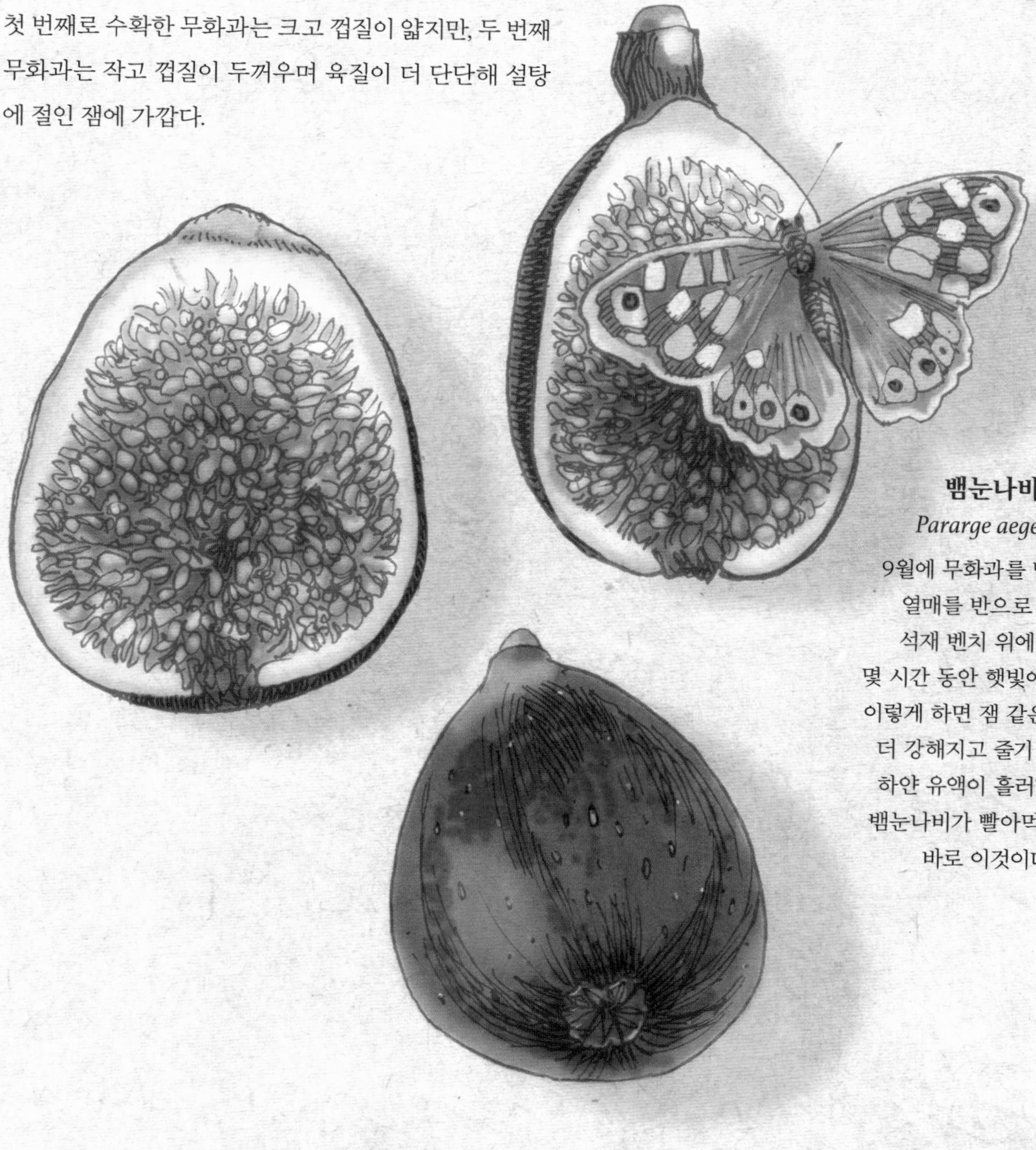

뱀눈나비
Pararge aegeria
9월에 무화과를 딸 때는
열매를 반으로 잘라
석재 벤치 위에 놓고
몇 시간 동안 햇빛에 말린다.
이렇게 하면 잼 같은 단맛이
더 강해지고 줄기 끝에서
하얀 유액이 흘러나온다.
뱀눈나비가 빨아먹는 것이
바로 이것이다.

정원 입구에서 담쟁이꽃들 위에 앉은 오랜 친구, 아시아말벌을 다시 만났다. 나는 이 친구들을 예전에 중국의 아주 외진 고장에서 상대해 본 적이 있다. 이 벌이 내 장딴지를 쏘는 바람에 나는 다른 사람들이 모두 보고 있는 보건소 진료실에서 엉덩이를 내놓고 주사를 맞아야 했다. 사람들은 엉덩이의 주인공인 외국인의 얼굴을 보려고 혈안이 되어 있었다.

아시아말벌이 여러 개의 발을 축 늘어뜨린 채 무겁게 떠 있는 모습을 보면, 쏘여도 그 독성은 대수롭지 않을 것이라고들 생각한다.

중국에서의 경험 이후로 내가 알게 된 것은, 이 벌들은 자기네 무리가 위협을 받는다고 느낄 때만 인간을 공격한다는 것이다. 2006년, 이 벌이 우연히 프랑스 남부에서 발견되었을 때, 이 벌을 두고 '침입종'이라고 불렀다. 나는 그 표현에 동의하지 않는다. 일군의 아시아말벌 떼가 다른 대륙의 토종 말벌들을 모두 잡아먹어 초토화하려는 의도를 가지고 이동한다는 것은 상상할 수 없는 일이다. 그들에게 나쁜 의도 따위는 없다. 인간의 부주의에 책임이 있을 뿐이다.

아시아말벌

Vespa velutina

발이 노란색이라는 점, 꼬리 가까운 부분이 오렌지색이며 그곳에 조그만 검은색 삼각형이 있다는 점이 특징이다.

가라지거품벌레
Philaenus spumarius

손톱 크기만 한 이 작은 곤충이 거품 욕조를 만들었다. 자기 유충을 보호하기 위해 자기가 매달려 있는 식물의 즙을 이용해 축축한 점액을 만들어내는 것이다. 경이적인 높이의 도약 능력을 자랑하기도 한다.

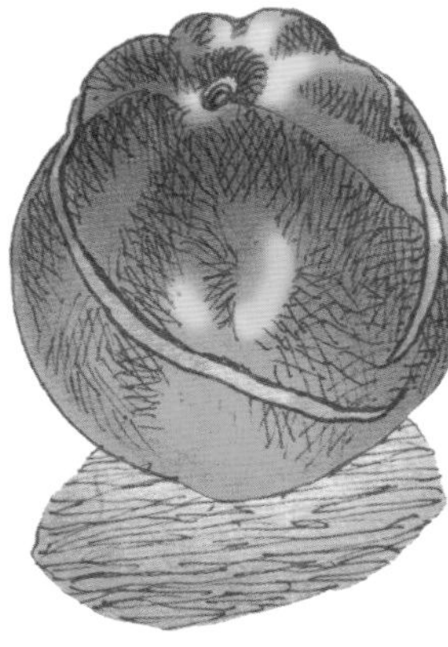

속을 채운 토마토

토마토의 줄기는 군데군데 약해진다. 이파리가 누렇게 변하면서 말라 오그라들고, 열매는 얼룩이 지거나 주름이 생긴다. 그래도 나는 매일 두 손 가득 토마토를 따서 들고 부엌으로 향한다. 그럴 때면 그 의외의 작황을 마주한 부엌에서는 깜짝 놀라는 이들이 있는가 하면, 약간은 심드렁한 반응을 보이는 이들도 있다. 날이 더울 때, 우리는 매일 생토마토를 샐러드로 먹었다. 요즘처럼 밤기운이 쌀쌀해지고 해도 점점 짧아질 때면 오븐에 넣어 껍질을 익혀 먹는다. 최근 흠뻑 내린 비로 육질이 부풀어 올라 껍질이 견디지 못하는 토마토들도 있다. 이런 토마토는 터져버리고 만다.

◆ **양담쟁이**
Hedera helix

이 담쟁이는 그다지 환영받지 못하는 식물이다. 하지만 아주 유용한 점도 있다. 끝부분에 여러 개의 동그란 몽우리들이 포도처럼 열려 있는 산형(傘形, 우산살 모양으로 한 점에서 같은 거리를 두고 갈라지는 형태: 역자 주)의 꽃은 10월까지 벌들에게 꽃가루를 제공해주고, 열매는 티티새의 겨울 먹이가 되어준다.

길 반대편에 있던 집의
풍향계. 오른쪽 그림
지붕 꼭대기에 달려 있다.

정원의 일기예보

매일 저녁, 시내로부터 이런저런 소리가 들려온다. 강의 다리를 건너는 자동차들의 희미하고도 지속적인 소음을 듣고 있노라면 바람이 북쪽에서 불어오고 있고, 내일은 화창한 하루가 되리라는 것을 알 수 있다. 하루의 시각을 정확히 알려주는 동네 교회의 종소리가 들려올 때는 습기가 많아지리라는 것을 알 수 있다. 바람이 대서양에서, 즉 서쪽에서 불어오고 있기 때문이다. 아무 소리도 들리지 않거나 혹은 여러 가지 소리가 섞여 있을 때는 이웃집의 풍향계를 쳐다보고 어떤 바람이 불어올지 짐작한다.

예전에는 정원 안에도 풍향계가 하나 있었다. 할아버지가 손수 만드신 것이었는데, 아마 그의 작업실에 단 한 권밖에 없었던 책에 나오는 도면을 보고 만드셨던 것 같다. 전쟁 전에 여러 잡지에서 이것저것 모아서 만든 두툼한 그 책은 할아버지에게는 일종의 만능백과사전 같은 것이었다. 할아버지는 풍향계를 녹색 철제 기둥 제일 꼭대기에 설치하셨다.

이것 말고도 기상 변화를 예측할 수 있는 물건은 또 있었다. 예를 들면, 주말 동안 할아버지가 양배추 모종을 옮겨심기에 적당한 시간이 언제일지를 알려주는 것이었는데, 그것은 바로 기압계였다. 지금은 지하실 선반에 옮겨 놓았지만, 예전에는 식당의 굴뚝 위쪽에 걸려 있었다. 할아버지는 저녁만 되면 검지 손가락 첫 번째 마디로 기압계의 눈금판을 두드리셨다. 처음에는 눈금판의 바늘이 제대로 움직이는지 확인하는 행동이었는데, 점차 반드시 하고 지나가야 하는 일종의 의식처럼 변했다. 할아버지는 그렇게 하루 일을 마무리하고 난 뒤에 정원일지를 쓰셨다. 눈금판을 두드리던 그 똑똑 소리는 저녁 식사 시간이 되었음을 알리는 소리이기도 했다.

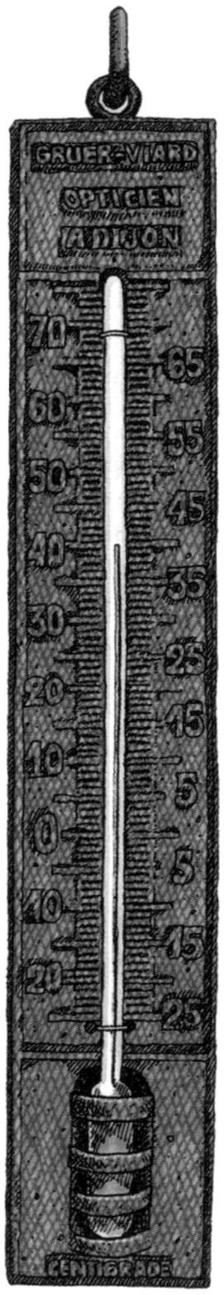

정원 입구의 오른쪽 벽에
100년도 넘게 걸려 있는
이 온도계의 수은주는
2019년 6월 29일 처음으로
40°C까지 올라갔다.
2020년 여름에도 거의
40°C에 육박했다. 앞으로는
40°C를 넘어간다고 해도
별로 놀라지 않을 것 같다.

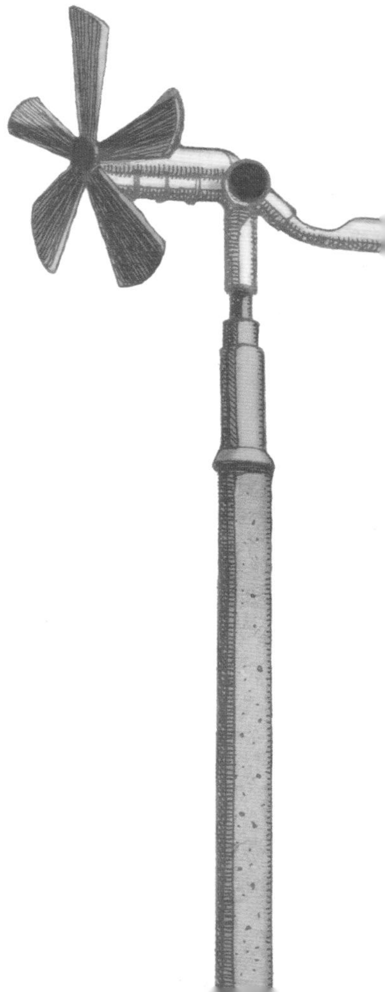

우측 마당과 정원

전통적으로 마당은 집 앞에, 정원은 뒤에 위치하지만, 이와 달리 여기 보이는 마당과 정원은 집 앞에 자리하고 있다. 이 둘 사이에는 화단과 울타리가 있고 울타리 가장자리에는 참빗살나무가 있다. 우리가 놀다가 떨어뜨린 공들, 특히 그걸 주우러 가느라 강낭콩밭을 뭉개놓는 것을 효율적으로 막기 위한 것이라고는 하지만 사실 상징적 의미가 좀 더 크다. 할아버지의 눈살을 찌푸리게 하기에 충분하다!

이 마당은 공용경기장으로 사용되곤 했다. 1970년대 초반, 꼬맹이들이었던 우리는 함석으로 된 빨래통에서 목욕했고, 몇 년 후에는 플라스틱 통에서 목욕했다.

1976년의 그 덥고 건조한 여름에는 마당에 신문물이 하나 등장했는데, 그게 바로 공기 주입식 튜브 수영장이었다.

보육웹거미

Pisaura mirabilis

달리아 꽃 위의 거미

10월

습도가 높은 봄철에 땅에서 이제 막 돋아난 달리아 덩이줄기의 어린 새싹들은 달팽이들이 정신없이 먹어 치우는 최고의 먹이이다. 어느 날 저녁, 나는 맥주가 담긴 접시를 이용해 달팽이들을 달리아에서 떨어뜨려 놓으려고 시도해 보았다. 실제로 달팽이들은 가던 길을 스스로 벗어나 맥주를 먹으러 왔다. 맥주를 마시고 난 직후 기분이 좋아진 달팽이들이 딸꾹질까지 하는 것을 목격할 수 있었다. 절대 거짓말 아님! 다음 날 아침, 맥주 접시는 비어 있었고, 달리아 새싹들도 거의 사라지고 없었다. 달걀껍데기 방법도 시도해 보았다. 껍질을 잘게 부수어 달리아 주변 바닥에 뿌려놓았다. 달팽이 같은 복족류들은 요술을 부린다고밖에 달리 생각할 수가 없다. 달걀껍데기에 따끔따끔 찔려도 아무 소용이 없었기 때문이다. 반면, 내가 확인한 사실은 다른 곤충들보다 달팽이처럼 먹이를 깨작깨작 갉아먹는 종류들이 달리아를 더 좋아한다는 것이다. 나는 원예 전문 매장에서 판매하는 푸른색 과립형 약을 뿌리는 편리함보다는 달리아 두세 그루를 달팽이의 왕성한 식욕에 희생시키는 편을 택하기로 했다. 달팽이는 달리아에 집중하는 동안에는 다른 식물들은 그대로 두었다. 그러다 보니 남은 달리아는 주로 붉은색 달리아였다. 이들의 향이 상대적으로 약해서 그런 것이 틀림없다! 그 후 날씨가 건조해져 달팽이가 꼼짝도 못 하게 되자, 그제야 노란색 달리아의 새싹이 돋아나기 시작했다.

심피오트리쿰
Symphyotrichum x salignum

녹색방패벌레
Palomena prasina

녹색 방패벌레는 어릴 적에는
색깔이 얼룩덜룩하지만, 성장할수록
위장에 용이한 녹색으로 탈바꿈한다.
올 여름, 태어난 지 얼마 안 된
방패벌레들은 포식자들에게
위협적 존재가 되고자 했다. 하지만
이제는 눈에 띄지 않고 싶어 한다!

헤데리폴리움
Cyclamen hederifolium

며칠에 걸쳐 비가 내린 후,
시클라멘의 이파리들이 드디어
그 꽃들과 다시 만나게 되었다.

튤립
Tulipa sp.

붉고 노란 30여 개의
튤립 구근을 심어
이미 제자리를 잡아 조금씩
동이 나고 있는 구근들과
다시 어우러지게 한다.

달리아

Dahlia x hortensis

중륜종(semi-cactus, 꽃지름이
10cm 내외) 타입의 꽃

뾰족민달팽이

Deroceras reticulatum

마당 앞에는 눈에 띄지 않는 소박한 모양의 보리수나무가 홀로 자리하고 있다. 인근 강의 다리 근처에 있는, 공용녹지관리 관청이 조성한 화단에서 씨앗이 날아와 발아한 것으로 짐작된다. 이 보리수나무는 딱히 눈에 띄는 특징이라고는 없다. 10년 전부터 자라면 잘라내고, 자라면 잘라내고… 그런 식이었다. 줄곧 앞면은 녹색이고 뒷면은 흰색인 똑같은 은빛 이파리들만 자라기 때문에 그곳에 이 나무가 있다는 것조차 잊어버릴 정도이다.

그럼에도 일 년에 두 차례, 이 식물은 침묵에서 깨어난다. 그 첫 번째가 인디언 여름의 오늘이었다. 저녁때가 다 되어 갈 무렵, 엘리자베스가 퇴근해서 돌아올 때였다. 나무는 재스민과 비슷한 감미로운 향기, 하지만 그보다 더 달콤한 향기를 발산했다. 아주 조그만 꽃송이들도 거침없이 향기를 뿜어냈다. 몇 달 후 꽃이 지고 나면 수분이 듬뿍 든 식용의 붉은 장과(漿果)들이 그 자리를 대신할 것이다.

칸나
Canna indica
꽃

보리수나무
Elaeagnus x submacrophylla

베이비세이지
Salvia microphylla
(그라하미)
제일 앞에 핀 붉은 꽃들

우리가 이사해 들어왔을 때, 벚나무 한 그루가 햇볕 쏟아지는 마당에 그늘을 만들어주었다. 하지만 그늘은 오후 2시가 지나야 생겼고, 그 때문에 우리는 점심을 늦게 먹곤 했다. 나는 파라솔을 사는 대신, 시내에 뻗어있는 4개의 도로를 따라가며 붉나무 새싹을 몇 개 찾아냈다. 집 앞에 옮겨심기 위해서였다.

생명력이 강한 이 나무들이 벚나무 곁에서 그늘을 대신하는 데에는 삼 년밖에 걸리지 않았다. 이제 수명이 다한 벚나무는 굴뚝 아궁이에서 생을 마감하였고, 파라솔처럼 생긴 무성한 붉나무 두 그루가 이제는 꽤 거추장스러울 정도로 자랐다. 놀라우리만치 넓게 흡지(식물체의 땅속줄기 마디에서 나온 새싹이 지상에 올라와 모체에서 분리되어 독립의 개체가 되는 것: 역자 주)까지 낼 정도이다.

10월 말이 되면 붉나무 이파리들은 오렌지색을 띤 붉은색으로 물들며 가장 아름다운 자태를 뽐낸다. 이 우울하고 따분한 시기에 태양이 기적처럼 이 나무를 비추면, 이 세상 것이 아닌 것 같은 황갈색 빛이 창문을 통해 집 안을 비춘다. 줄기에서 하나씩 떨어진 나뭇잎들은 바닥에 장미창(13~14세기 유럽의 고딕 건축 양식에서 볼 수 있는 꽃 모양의 둥근 창: 역자 주) 같은 한 폭의 카펫을 깔아준다. 나는 이파리들이 밤색으로 변해 흉해질 때까지 기다렸다가 빗자루로 쓸어낸다.

친구 장-노엘이 다시 돌아왔다! 여름 내내 보이지 않았던 장-노엘은 아침 일찍 자두나무 꼭대기에 앉아 유쾌하고 생기발랄하게 지저귀다가, 낮이 되면 집 앞 여기저기를 옮겨 다니며 "찍… 찍" 소리를 낸다. 흡사 자기가 돌아왔다는 것을 알리려고 나를 만나러 온 것 같기도 하고, 다시 삽을 들고나와 땅을 갈아엎으라고 부추기는 것 같기도 하다.

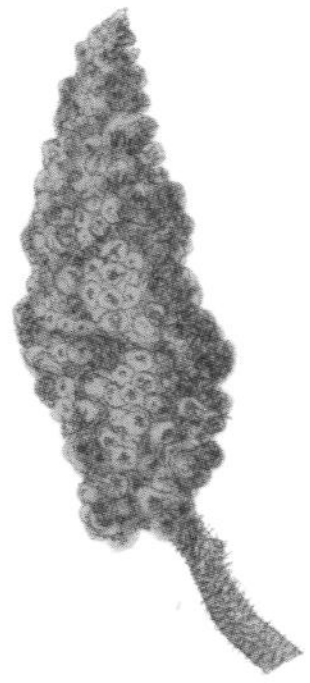

티피나옻나무

Rhus typhina

이 나무의 원산지는 아메리카이다. 1624년에 유럽에 들어온 이 나무는 특이한 점이 있는데, 나뭇잎이 다 떨어져도 겨울 동안 성장발육을 위한 휴식에 돌입하지 않는다는 것이다.

독말풀
Datura stramonium

사코페이가카나리아
Sarcophagia carnaria
냉장고에서 고기를 꺼낼 때
집 안으로 들어오는 파리는
죽은 새에 가서 앉거나
지렁이들 속에 알을 낳는다.

씨앗은 싹을 틔우지 않은 채 땅속에서 오랫동안 잠을 잘 수도 있다. 그러다 어느 날, 적절한 기상 조건이 되면 발아하기 시작한다. 정원에 씨를 뿌린 지 10년도 더 지난 올해 여름에야 유럽에서 독성이 강한 야생식물 중 하나가 두 뿌리 자라났다. 바로 독말풀이다. 내 손으로 씨를 뿌린 아이들이라는 것을 확신하는 이유는, 이 식물이 보랏빛을 띤 흰색의 꽤 희귀한 변이종이기 때문이다. 내가 루아르강의 모래사장에서 채취한 것이었다.

무슨 이유로 그렇게 위험한 식물을 정원에 심었는지 궁금해하는 사람들도 있을 것이다. 예전에는 어린 아들까지 뛰어놀던 정원에서 말이다.

첫 번째 이유는, 독성풀이 단 하나도 없는 정원을 가꾸기란 불가능에 가깝기 때문이다. 그렇지 않으면 정원은 지금의 절반밖에 안 남을 것이다. 은방울꽃 같은 경우도 특히나 먹으면 안 되는 식물이다! 두 번째 이유는, 나는 늘 무엇이든 금지하고 검열하는 것보다는 직접 실습해보는 것을 선호하기 때문이다. 어릴 때 연말에 학교 주변을 이리저리 둘러보곤 했는데 그때 어떤 여선생님께서 알려주신 것을 기억하면서 말이다. 선생님은 "빨간 별봄맞이꽃은 토끼에게 먹이로 주면 절대 안 된단다. 토끼가 죽을 수도 있거든!" 하고 말하면서 우리에게 조그만 꽃을 하나 보여주셨는데, 그런 무시무시한 독을 품었다기에는 너무 예뻐 보였다. 그 옛날, 정년퇴직을 하루 앞둔 여선생님의 말씀이었다! '체험 학습'과 '토끼 키우기'가 사라지기 전의 이야기이다.

◆ 빨간별봄맞이꽃
Lysimachia arvensis

무반점무당벌레
Cycloneda munda

◆ 돌소리쟁이
Rumex obtusifolius

사프란
Sternbergia lutea

분홍당아욱
Malva sylvestris
크림치즈처럼 생긴 열매마다
곤충들이 다닥다닥 붙어 있는
것을 보면 식물이 아니라
흡사 곤충아파트 같다!

노래지빠귀
Turdus philomelos

까치를 수다쟁이에 비유한다면, 뮤지션 노래지빠귀는 어떤 특징이 있다고 해야 할까? 작년 봄이 시작될 무렵, 화창한 날씨를 예고하는 새벽부터 땅거미가 질 때까지 노래지빠귀는 인근의 자기 친구들과 함께 쉼 없는 말싸움에 돌입하곤 했다. 어찌나 극성맞고 쩌렁쩌렁하고 리드미컬한 토론이었던지 혹시 재즈밴드 드러머가 함께했더라면 분명 녹초가 되고 말았을 것이다.

지금은 노래지빠귀가 그다지 목청을 높이지 않는다. 오솔길의 돌멩이 위에 앉아 "톡-톡" 소리를 낼 뿐이다. 가까이 다가가 보니, 부리에 달팽이를 물고 있는 게 보인다. 새는 달팽이를 바닥에 두드리고 있다. 껍데기를 깨고 속을 한입에 삼키기 위해서다.

낮은 벽에 올라앉은 티티새 티노는 그 모습을 곁눈질하고 있다. 티노가 다가가기만 해도 지빠귀는 도망갈 것이다. 둘 중 달팽이를 맛볼 자는 누구일까? 기다려야 한다, 아직 일이 끝난 게 아니니까. "톡, 톡, 톡…."

까마귀
Corvus corone

1980
도심의 정원

1980년대 초반, 도시 정비 사업은 이 지역의 외관을 바꿔놓았다. 1926년에 이미 최초의 제방을 쌓아 올림으로써, 도심으로 이어지는 주요 도로를 루아르강과 그 지류인 투에강의 수위 상승으로부터 안전하게 만들 수 있었다. 새롭게 쌓은 제방 덕분에 우리 정원이 위치한 지역까지 보호영역이 확대되었을 뿐 아니라, 새로운 주거지역이 형성되고 더 넓은 지역까지 토지를 분양받을 수 있게 되었다. 정원과 이에 딸린 작은 주택과 길은 새로 들어선 집들과 늘어나는 교통량에 적합한 대로로 점점 둘러싸이게 되었다.

적절한 시기에 은퇴해서 연금으로 생활할 수도 있었지만(연금도 분명 당신 정원에 몽땅 다 쓰셨을 것이다), 자크 할아버지는 그 열정적 인생을 2년 남기고서 병이 나셨다.

삼십 년 동안 마셔 온 줄밥과 가공 목재의 톱밥, 그보다 더 오래전부터 피워온 싸구려 파이프 잎담배가 할아버지의 폐를 형편없이 망가뜨렸던 것이다. 할아버지는 몇 달 동안 거동도 못 하시고 코에는 산소 튜브를 끼운 채, 겁 많은 강아지를 무릎에 앉히고는 현관 층계의 두 번째 계단에 앉아 계셨다. 할아버지는 전략상 유리한 그 자리에 앉아서 열린 출입문을 통해 정원을 바라보며 시간을 보내셨다. 몸으로는 돌볼 수 없는 그곳을 머릿속에서 가꾸고 계시는 것 같았다. 하지만 1985년 1월 어느 날, 할아버지는 결국 그 자리를 떠나셨다. 네 개의 판자로 만든 식당의 식탁 주변을 잠시 서성이다 정원 속 어딘가로 사라지셨다.

이따금 정원의 돌멩이를 옮길 때 그 돌멩이 아래에서, 잘라낸 나뭇가지의 나뭇잎들 사이에서 할아버지를 느낀다. 그때 할아버지는 지금까지도 여전히 나에게 가장 기분 좋은 동료이다.

샤슬라포도

vitis vinifera 'Muscat blanc'

티티새 티노는 오후 시간을 주로
포도알맹이를 훔쳐 먹으며 보낸다.

◆ **뽕나무버섯**

Armillaria mellea

(오른쪽 페이지)

집유령거미

Pholcus phalangioides

집유령거미 한 마리가 정원의
임시 거처를 떠나 따뜻한 작업실
안에서 내 동료가 되었다.

11월

나는 가끔 작업실에서 고독을 이겨 낼 요량으로 라디오를 켜둔다. 물론 내가 선택한 자발적 고독이긴 하지만, 가끔은 그 고독이 무겁게 느껴질 때도 있기 때문이다.

오늘은 공영 라디오 방송의 문화 채널에서 내보내는 '과학적 메소드'라는 프로그램에서 독특한 주제를 선보였다. 그건 바로 지렁이. 그 순간, 나는 세금 내는 보람을 느꼈다. 라디오 문화 채널에서 한 시간 동안이나 지렁이에 관해서 이야기하는 나라는 전 세계 어디에도 없을 것이라는 생각이 들었기 때문이다.

내용은 흥미진진했다. 프로그램 종료 시그널이 울리자마자 나는 삽을 들고 정원으로 달려가 지렁이 전문가처럼 움직였다. 쓸데없는 삽질을 여러 번 하고 나서야 땅속에서 예쁜 지렁이 녀석들을 발견할 수 있었다. 섭씨 5도의 낮은 기온 때문에, 일정한 형태가 없는 지렁이들이었다. 나는 녀석들을 자두나무 낙엽들 위에 올려놓고 가까이에서 자세히 살펴보았다.

물론 틀릴 수도 있지만, 내 생각에는 이 지렁이들은 땅속에 수직의 기다란 관을 파놓고 그 속에 사는 종인 것 같다. 이 종류의 지렁이들은 먹이를 찾으러 땅 위로 올라왔다가, 물과 공기가 침투하기에 유리한 관을 땅속에 수직으로 파 내려가면서 흙 속으로 돌아간다.

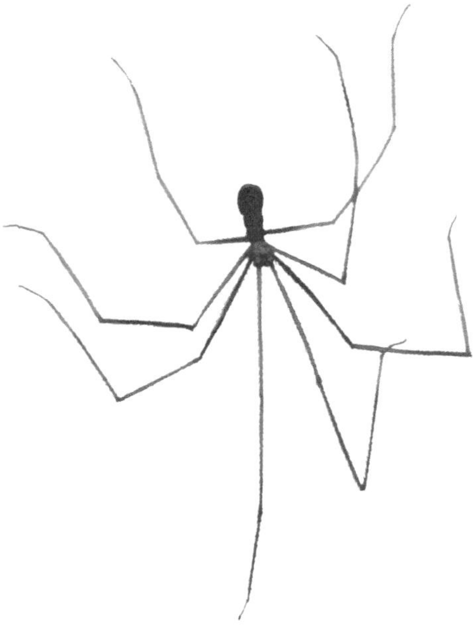

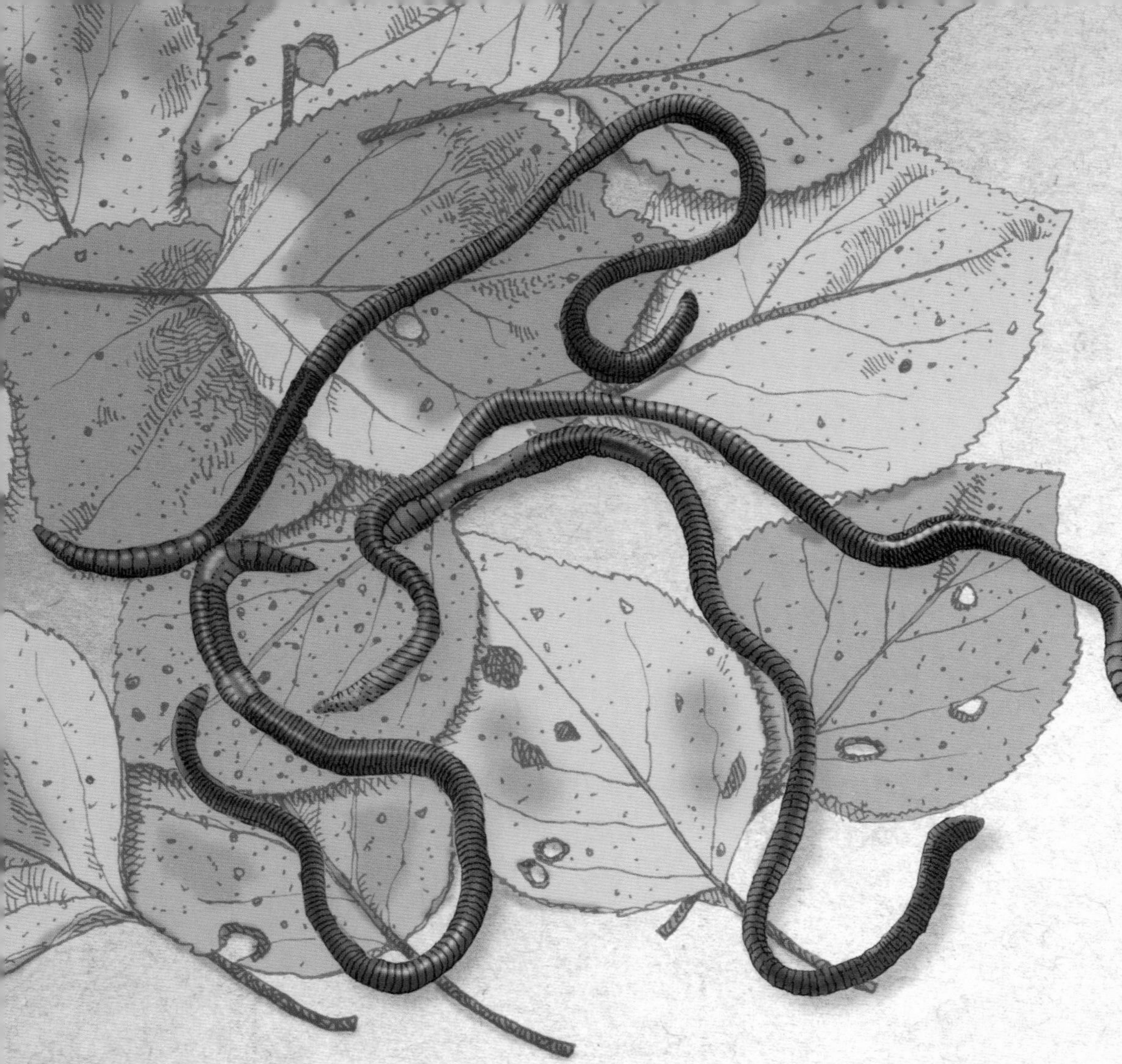

붉은큰지렁이
Lumbricus terrestris

✿

◆ **잔나비버섯**
Fomitopsis pinicola
꼭대기를 자른 자두 나무
위에 자라난 버섯들

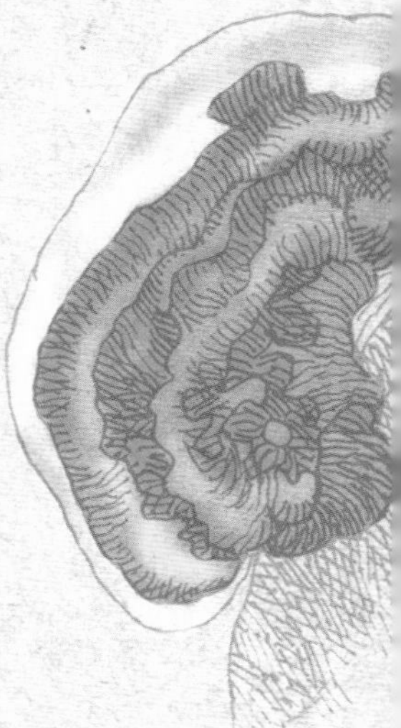

자크 할아버지의 11월 주요 행사는 흰 양파와 마늘을 심는 일이었다. 마늘은 둥글고, 흰색이거나 분홍색이었다. 1970년 11월에는 "보름달이 뜬 다음 날 동그란 구근 108개와 보통 구근 36개를 심었다."고 기록해 놓으셨다. 구근의 숫자로 마늘의 일 년 소비량을 여실히 말해주고 있을 뿐만 아니라 보름달을 기준으로 삼았다는 독특함까지 보여준다. 비가 오면 할아버지는 날씨를 기록하셨고, 달이 이지러지고 나면 곧 마늘을 심으셨다. "11월 26일, 마늘 심기, 125개(달 이지러짐)."

마늘
Allium sativum

✿

◆ **뽕나무버섯**
Armillaria mellea

칸나

Canna Indica

붉은 꽃이 피고 난 후에는
특이한 형태의 꼬투리들이
동그랗고 검은 씨앗들을
감싸서 보호한다.
원산지인 남아메리카에서는
이 씨앗들을 이용해
흔들어 소리를 내는 악기인
'마라카스'를 만든다고 한다.
그 지역에서는 칸나의
뿌리줄기를 익혀서 먹기도
하고, 가루로 빻기도 한다는데
나는 이걸 먹기가
망설여지는 게 사실이다.

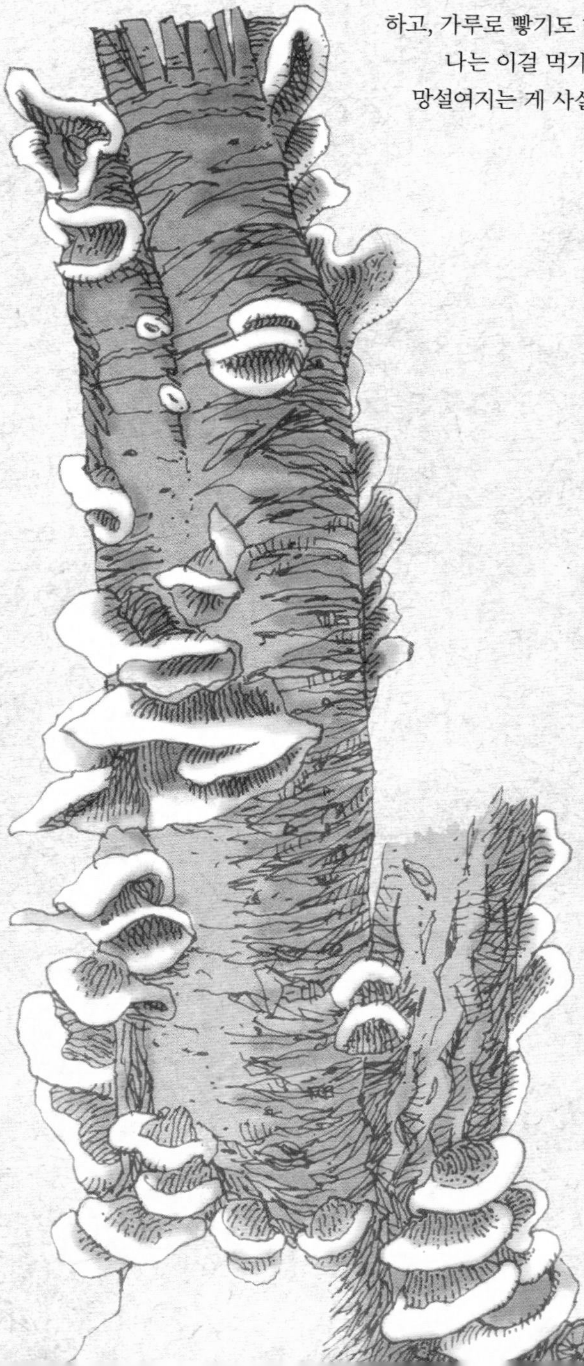

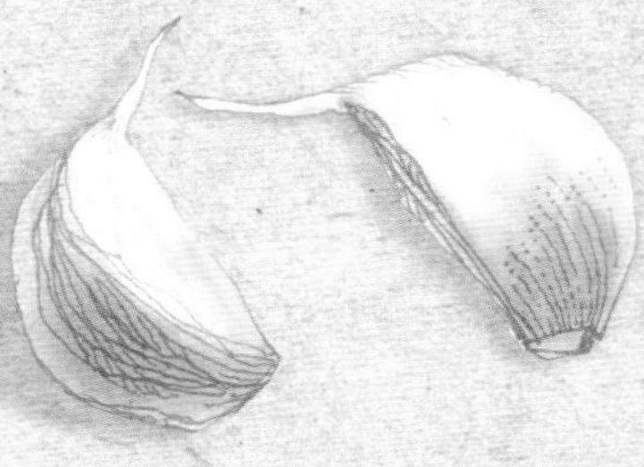

마늘

Allium sativum

나는 11월 23일, 보라색
마늘 구근을 서른 개 심었다.

(왼쪽 페이지)
집참새
Passer domesticus

팜파스그래스
Cortaderia selloana

유라시아까치
Pica pica

실크처럼 부드러운 깃털, 길고 날카로운 이파리가 달린 팜파스그래스는 70년대 초반, 잔디밭을 조성하는 데 있어 최고 인기 작물이었다. 그 이후로 당국에서는 그 번식 능력 때문에 기피 작물로 분류하였다. 반면, 20세기 초반 개양귀비는 경작지의 유해 식물로 취급되었지만, 지금은 아낌없는 찬사를 한몸에 받으며 친환경 작물의 상징으로 대접받는다. 사람들이란 정말 변덕스럽기 짝이 없다.

이런 슬픈 일이! 일주일째 비가 내리고 있다. 어제저녁 잠깐 해가 비치더니, 이내 밤이 되고 말았다. 요즘은 해가 너무 짧아져 시간이 아예 달라져 버렸다! 땅은 질척거리고, 나뭇잎들은 진흙 바닥에 붙어버렸다. 검게 변해버린 토마토 줄기들은 병충해로 제대로 움직이지도 못한다. 마지막 토마토들의 터진 껍질은 썩어서 흘러내리고, 악취가 나는 푸른 반점과 거품성 곰팡이들로 지저분하기 짝이 없다. 이런 토마토 줄기는 영화 속 조커의 찡그린 얼굴 같다. 발가락보다도 더 굵직한 미꾸라지들이 땅에 떨어진 토마토들을 마구 헤집어 놓는다. 나무들 사이로 난 작은 오솔길에 며칠 만에 버섯들이 올라왔다. 마치 자기 집인 것처럼 아무런 방해도 받지 않고 맘 놓고 자란다.

뽕나무버섯
Armillaria mellea

◆ **둥근잎제라늄**
Geranium rotundifolium
제라늄 이파리

정원의 가장자리 장식
보베 시(市)의 테라코타
타일(30년대)로 만들었다.
이웃에서 얻은 것이다.

아무 생각 없이 청소를 시작할 수 있을 화창한 날을 고대하고 있다. 그나마 다행인 것은, 이렇게 엉망인 가운데에서도 식물들은 다시 성장을 시작한다는 점이다. 가령 아칸더스는 내년 봄을 기약하고 있다. 작은 클로버꽃들과 하트 모양의 작은 이파리들도 기운을 북돋우는 색깔과 희망의 흔적들을 여기저기 남겨두고 있다.

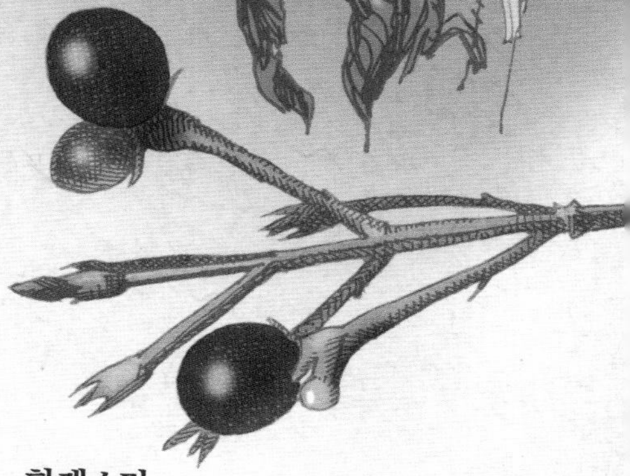

학재스민
Jasminum polyanthum
재스민의 열매

항라사마귀
Mantis religiosa

라일락
Syringa vulgaris

작은노랑밑날개나비
Noctua comes
원래 야행성인 이 나비는
작업실 창문 근처에서
종종 겨울잠을 자기 시작했다.
나는 삽화를 그리려고
나비를 깨우곤 했다.

티티새가 그렇게나 집 가까이 접근하여 계단참의 솔방울 위에 앉는 일은 아주 드물다. 내가 티노를 알아보는 것도 그 정도의 가까운 거리에서이다. 반면, 티노는 창문틀에 뿌려놓은 빵 부스러기는 절대 먹으러 오지 않는다.

딱정그리마

Scutigera coleoptrata

지네과에 속하는 이 작은 벌레는
지하실 출입문 근처에서 발견되었다.
그곳에 은신하고 있는 것이 틀림없다.
그런데 이 녀석은 발이 많은 만큼
그렇게 재빠르지 않다.
서른 개의 발 중에서 일곱 개를
잃었기 때문이다. 모르긴 몰라도
어떤 포식자에게 당했거나,
악천후 때문이리라.

썩은 밤나무 그루터기에서
발견된 사슴벌레의 애벌레

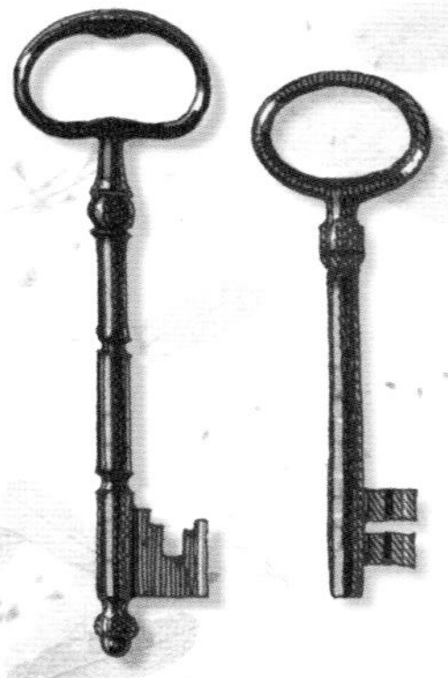

1996
추억의 정원

할머니는 정원을 근근이 꾸려나가셨지만, 해가 갈수록 정원의 규모는 줄어들었고, 나중에는 채소와 샐러드 상추 몇 고랑, 배나무 한 그루, 입구의 화단 하나만 남게 되었다. 할머니는 매일 매일의 외로움을 정원을 조금씩 가꾸면서 다스리셨다. 건강이 나빠지면서 정원 가꾸기는 할머니에게 일종의 휴식이 되었다. 절망에 빠져있을 때도 잘 자란 무를 수확하거나 제대로 큰 완두콩 고랑을 바라보는 소소한 기쁨을 다시 느낄 수 있었기 때문이다. "나는 늘 죽은 남편을 생각하며 눈물을 흘린다. 남편이 죽고 없으니 내 인생도 함께 멈춰버린 듯하다. 시간이 흘러가도 내 고통은 늘 그대로이다."라고 일기에 쓰기도 하셨다.

1996년 8월 24일, 할머니는 정원 일지에 이렇게 쓰셨다. "잔디깎이로 나무딸기들 주변의 잔디를 깎았다. 힘들다." 이것이 할머니의 마지막 기록이다. 그로부터 몇 주일 후, 나는 할머니를 병원에 모시고 가서 검사받기 위해 이곳에 왔었다. 할머니는 몇 달 전부터 아주 편찮으셨다. 현관 계단 위에 서 계시는 할머니가 보였다. 열쇠로 현관문을 잠그는 할머니는 밤색 핸드백과 옷가지 몇 개를 들고, 머리에는 스카프를 두르고 계셨다. 계단 난간을 붙잡고 내려오시는 할머니는 너무 긴장한 채 조심하느라 정원 쪽으로 눈길 한 번 줄 여유도 없으셨다. 우리는 막연히 예상할 수 있었지만, 할머니는 일흔다섯의 연세임에도 당신이 다시는 그 현관문을 열지 못하리라는 것을 예상하지 못하셨다.

할머니는 평생 그 계단을 오르내리셨다. 지금 내가 그러고 있는 것처럼. 할머니가 디뎠던 자리에 내 발을 놓아본다. 할머니가 자물쇠에 넣어 돌리던 열쇠 소리는 지금도 똑같다.

천장의 창은 60년대에
지붕을 손볼 때 뜯겨 나갔다.
할아버지와 할머니는
응회암으로 된 석재 시설물을
복구할 만한 경제적 여유가 없었고,
필요성도 별로 없었다.

◆ **균계**(잎사귀 이끼)

Parmelia sulcata

급기야 모든 정원에서 가장 넓은 지역을 차지한 식물종인 지의류가 줄기와 가지에 자리잡고 있다.

◆ **이탈리아천남성**

Arum italicum

이 야생 천남성은 점점 많아지더니, 겨울을 지내는 동안 정원 거의 모든 곳에 자리잡았다. 그 후 봄이 끝나갈 무렵에는 꽃가루를 옮기는 벌레들을 갖가지 방법으로 붙잡은 덕분에 꽃송이가 빨간 열매로 탈바꿈했다. 내가 어렸을 때는 이 식물이 뱀을 끌어들인다는 과장된 이야기가 있었다. 예쁜 만큼 독성도 있는 이 열매에 가까이 가지 못하게 하려는 방법 중 하나가 아니였을까.

12월

예상치 못한 붉은 파편 한 조각이, 사라지고 싶어 하지 않는 회색빛 안개를 휘저어놓는 일이 발생했다. 정원에 오색딱따구리 한 마리가 날아온 것이다. 지난밤, 올해 처음으로 얼음이 얼었다. 그제 밤에는 새하얀 서리가 지붕을 뒤덮었지만, 정원 식물들은 전혀 맞지 않았다. 정원 담장이 몇 시간 동안 계속 막아주었기 때문이다.

주변의 들판에 얼음이 얼면 새들은 누가 시키지 않아도 정원으로 날아든다. 이번에는 까치 두 마리, 어린 울새 한 마리 그리고 이 오색딱따구리(머리에 수컷임을 표시하는 붉은 모자가 없었다) 한 마리를 손님으로 맞는 즐거움을 누렸다. 이 오색딱따구리는 정원을 한 바퀴 돌더니 노화 현상이 역력한 체리나무 위로 날아와 앉았다. '합리적인' 도시 사람들이라면, 이파리 하나 없이 바람이 불 때마다 앙상한 가지들이 우수수 떨어져 나가는 이 늙은 나무를 당장에 베어버리고 싶어 할 것이다. 손으로 따기에는 너무 높이 열리는, 벌레 먹은 시큼한 체리 몇 알밖에는 생산하지 못하는 체리나무. 하지만 우리는 그걸로 매년 체리 크라푸티(밀가루·우유·계란· 과일을 섞어 구운 프랑스 과자: 역자 주)를 만들어 먹는다. 나는 이 늙은 나무의 몸통을 뚫을 만큼 혈기 왕성한 체리 싹이 돋기를 아직도 기다린다.

작은 온실 안에는 또 다른 나무 하나가 체리나무를 대신할 준비를 하고 있다. 얻어다 심은 모과나무 씨앗 몇 개에서 벌써 장래가 촉망되는 새싹 하나가 돋았기 때문이다. 이 새 나무가 자기 차례에 열매를 맺기도 전에 가까운 곳의 강물이 흘러들 것이다. 설령 과일 맛을 보지 못하게 되더라도, 요즘은 흔치 않은 일이지만, 매년 이 나무에 그런 확신 정도는 열리게 되기를 간절히 소망한다.

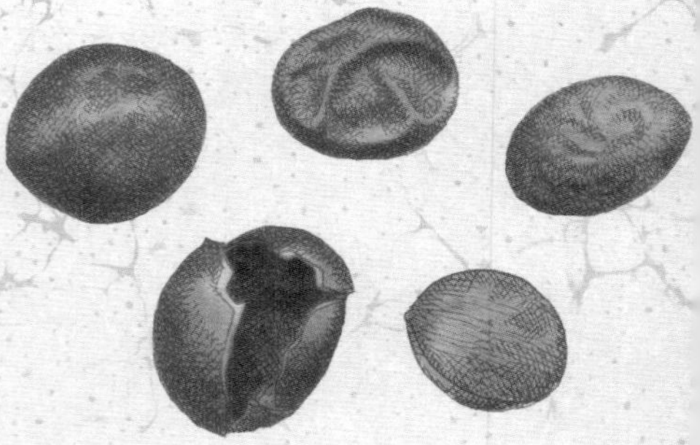

모과나무

Mespilus germanica

싹과 씨앗

오색딱따구리

Dendrocopos major

◆ **사철쑥더부살이**

Orobanche hederae

여기서는 바짝 마른 모습인
이 특이한 식물은 기생식물이기
때문에 담쟁이 밑동에서만
자란다. 전체적으로 크림색에
끄트머리만 붉은색을 띠는
꽃은 내년 봄에나 다시
볼 수 있을 것이다.

◆ **달맞이장구채**

Melandrium album

곧 새해가 되지만, 아직은 땅이 온통 얼어붙은 건 아니다. 가령 칸나의 위쪽 이파리들만 갈색으로 변했을 뿐이다. 야생 식물들 중에는 조용히 계속해서 꽃을 피우는 것들도 있다. 그중에 하나가 달맞이장구채이다.

글라디올러스

Gladiolus communis

첫 얼음이 얼자, 나는 그 해에 글라디올러스 구근을 땅에서 파내어 썩지 않도록 해주었다. 창고 안의 바구니 안에서 긴 겨울잠을 잘 것이다. 내년 봄이 되면 다시 심을 예정이다.

◆ **담쟁이**

Hedera helix

산형의 담쟁이꽃

나무 더미 아래에서 발견된
민달팽이 알

예전에 토마토의 버팀목으로
쓰던 나무에 제대로 매달린
사마귀의 알주머니.
사마귀들은 이런 싸개
모양의 주머니를 만들어
알을 보관한다.

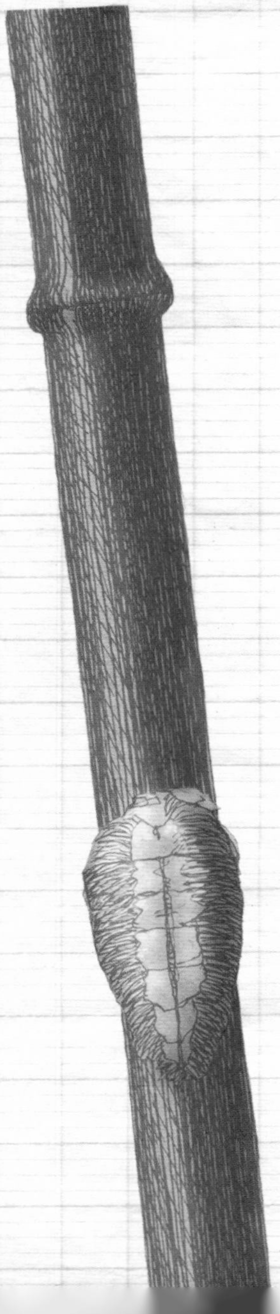

필로우토크
Matthiola incana

금어초
Antirrhinum majus

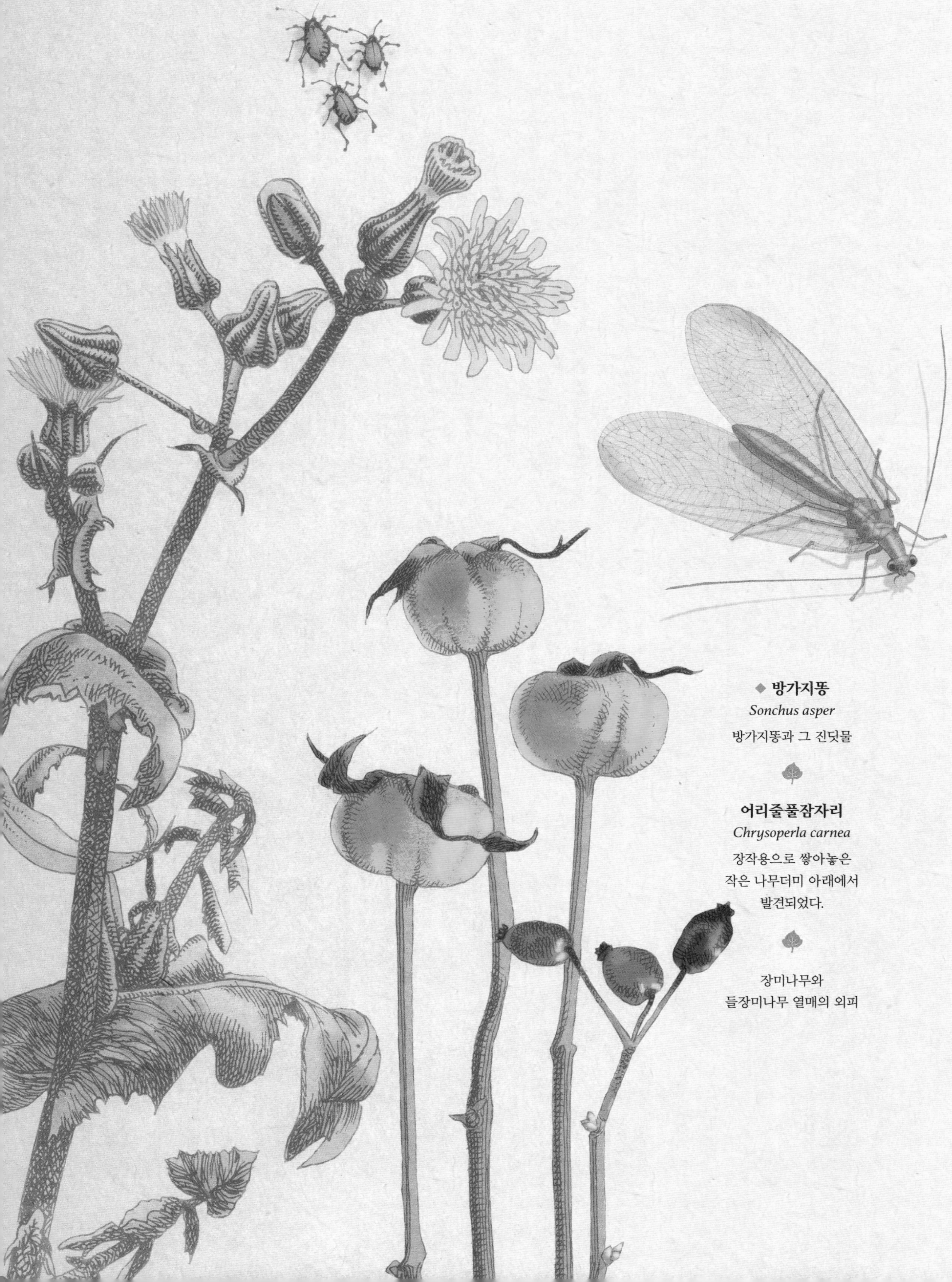

◆ **방가지똥**

Sonchus asper

방가지똥과 그 진딧물

어리줄풀잠자리

Chrysoperla carnea

장작용으로 쌓아놓은
작은 나무더미 아래에서
발견되었다.

장미나무와
들장미나무 열매의 외피

2021 즐거운 정원

애기부용
Anisodontea capensis

개장미
Rosa canina

큰자주달개비
Tradescantia virginiana
보라색 달개비꽃

할머니가 돌아가시고 나서부터 아내와 나는 집을 구하고 있었다. 첫째 아이가 태어나고 보니 우리 가족만의 보금자리를 구해야겠다는 생각이 더 간절해졌다. 내가 어릴 적 살던 집을 사기로 한 것은 단순히 향수나 그리움 때문이 아니다. 서른 살쯤 되고 보면 삶이 추억에 따라 좌지우지되지는 않는다. 우리는 그저 비싸지 않은 조그만 집, 학교와 가게에서 멀지 않으면서 정원이 딸린 집을 원했을 뿐이다.

이 집이 그 기준에 부합했다. 우리의 두 아들이 이 정원을 밟는 여섯 번째 세대가 된다는 것은 중요하지 않았다. 그저 부모로서의 삶 그리고 생업을 유지해야 하는 우리의 삶에 충실해야 한다는 생각이 더 강했다.

정원은 그새 많이 달라져 있었다. 나는 자갈을 깐 작은 오솔길, 작은 벽과 연못, 버팀벽들을 더 만들었다. 나는 양배추의 수확만큼이나 그 양배추 위를 기어 다니는 애벌레들에게도 관심이 많은, 소박한 정원 일꾼인 것에 스스로 만족했다. 그래서인지 수확량은 눈에 띄게 줄었다. 나는 이 정원에 전망대 같은 것을 하나 만들어 다채로운 색깔과 형태들로 내 미각뿐 아니라 내 눈에도 기쁨을 주고 싶었다.

모든 식물은 환영받아 마땅하다. 소위 '해로운' 식물, 이제는 더 이상 키우지 않는 식물, 독성이 있거나 가시가 있는 식물, 잎들이 모두 떨어져 바닥에 마구 밟히는 식물, 부엌 타일 바닥에서 다시 만나게 되는 식물들까지… 모두가 그러하다. 동물과 곤충들 역시 모두 반가운 존재들이다. 톡 쏘는 벌레, 보면 겁부터 나는 동물들, 그 누구도 보지 못한 동물… 모두가 다 그러하다.

흰꽃제라늄상귄
Geranium sanguineum 'Album'

푸른박새

Cyanistes caeruleus

붉나무 속에서 지저귀는
푸른박새

◆ **아라비아자주개자리**
Medicago arabica

시간이 흘러가면 언젠가 이 정원도 단 하루 만에 포크레인에 말끔히 밀려 사라지고 다른 정원이 되어버릴지도 모른다. 어떤 식으로든 자연스럽게 변해 갈 것이다.

아무래도 상관없다. 중요한 것은 부모들이 그 정원에서 꽃을 따거나 민트와 샐비어 잎들을 따 모으는 동안, 하다못해 토마토 한 줄기라도 심는 동안, 아이들은 그곳에서 세상을 처음으로 경험하게 된다는 사실일 것이다.

이 조그만 땅 한 조각은 인생의 즐거움과 고통을 보여주는 현장으로 새삼 거듭나게 될 것이다. 꽃들의 교향악은 새롭게 다시 시작될 것이고, 딱정벌레들의 무거운 날갯짓 소리, 참새와 깨새들의 말다툼 소리도 계속해서 들려올 것이다.

내가 바라는 것이 있다면, 어디든 아스팔트를 깔아버리려 하고 독일제 고압 청소기를 추종하는 사고에 사로잡힌 사회에서 벗어나는 것, 사회적 인맥에는 아낌없이 시간을 할애하면서도 비싸지 않지만 더 소중하고 더 환경친화적인 것들에 감동하기를 잊어버린 세상의 우울한 부분을 벗어난 한적한 공간뿐이다. 그곳에 요정들 전용의 잡초 무성한 공간이 남아 있기를 바라고, 소곤소곤 속삭이던 나팔꽃의 흡사 달빛 같은 새하얀 빛이 어느 여름밤 시원한 바람을 쐬러 나온 통통하고 못생긴 두꺼비 한 마리를 비춰주는 장면을 볼 수 있길 바랄 뿐이다.

해안이 바다에도 육지에도 속하지 않는 것처럼, 정원은 집이 바깥으로 확장된 것도 아니고 순수 자연의 영역도 아니다. 정원은 균형과 절충의 공간이자 하나의 경계선이다. 정원 주인장의 역할은 건강한 땅을 그대로 후대에 물려주는 것이다. 또 어린이들에게는 정원을 거쳐 가는 다른 손님들의 소리를 듣고 바라보는 시간의 필요성을 전해주어야 한다.

나는 이제 약 서른 종류의 야생 식물을 구별할 줄 알고, 정원에 사는 새들과 주요 곤충들의 이름도 안다. 이런 행운이 어디 있으랴! 그리고 마지막으로, 어린 시절의 그 메꽃이 내게 무슨 말을 하고자 했는지 드디어 알게 되었다. 물망초의 꽃말이기도 한 그것은 바로 "나를 잊지 말아요!"이다.

◆ 창질경이
Plantago lanceolata
◆ 야생 귀리
Avena fatua
붉은제독나비
Vanessa atalanta
◆ 허브베니트
Geum urbanum

하늘에서 내려다본 정원

1. 집(주택)
2. 작업실
3. 목공용 작업실 / 정원
4. 자전거 주차장
5. 붉나무
6. 벚나무
7. 저수용 연못
8. 대나무 아래 원형 연못
9. 필로티 위의 원두막
10. 수련 연못
11. 늙은 체리나무 그루터기
12. 코르타데리아 셀로아나
13. 석류나무
14. 텃밭
15. 종려나무
16. 다마스크로즈
17. 골든재팬자두나무
18. 복숭아나무
19. 퇴비
20. 자두나무
21. 등나무
22. 아칸서스
23. 빨래줄
24. 까치밥나무와 블랙커런트
25. 살구나무
26. 샐비어
27. 칸나
28. 레몬나무와 밀감나무
29. 사과나무
30. 월계수
31. 능소화
32. 인동덩굴
33. 담쟁이
34. 아프리칸데이지
35. 영춘화
36. 우체통 위의 재스민
37. 층계 위 수국
38. 라일락
39. 황매화
40. 목련

지표수 재활용

● ● ● ● ● ● ● ●

◆ **둥근빗살현호색**
Fumaria officinalis

S
E
O
N
1
2
3
4
5
5
6
7
8
9
10
11
12
13
14
15
16
17
18
19
20
21
22
23
24
25
26
27
28
29
30
31
32
33
33
34
35
36
37
38
39
40

채소밭

감자 p. 51/124/131
강낭콩 p. 130/131
당근 p. 130
대황 p. 46
마늘 p.182/183
무 p. 130
부추 p. 126
비트 p. 83
상추 p. 126/130/131
샐러리 p. 131
순무 p. 56/110
시금치 p. 130
양배추 p. 57
염교 p. 131
완두콩 p. 69/130/131
치커 p. 130
콘샐러드 p. 14/130
토마토 p. 110/124/131/138/161
호박 p. 153/161
흰 양파 p. 130

과일

구스베리 p. 112
까치밥 나무열매 p. 96
딸기 p. 78
멍덕딸기 p. 142
무화과 p. 159
복숭아 p. 34
사과 p. 148
살구 p. 57
서양배 p. 129
자두 p. 114
체리 p. 78/90
포도 p. 158/180
헤이즐넛 p. 12
호두 p. 14

향기로운 식물

딜 p. 38/136
로즈메리 p. 31
술오이풀 p. 147
차이브 p. 67
타임 p. 54
파슬리 p. 131

정원의 식물

개나리 p. 52
개장미 p. 199
겨울재스민 p. 19
글라디올러스 p. 123/195/208
금어초 p. 196
금잔화 p. 151
꽈리 p. 48
나비바늘꽃 p. 118
나팔수선화 p. 37
노란색옥잠화 p. 101
능소화 p. 157
다마스크로즈 p. 91
달리아 P. 169
담쟁이덩굴 p. 132
대나무 p. 8
대청 p. 67/100
데이지 p. 50
독말풀 p. 174
독일붓꽃 p. 32
돌부채속 p. 21
둥근잎나팔꽃 p. 118
등나무 p. 23/66
마돈나릴리 p. 92/208
매발톱 p. 65/124
멕시칸데이지 p. 78
몬타나으아리 p. 62
무궁화 p. 154
박주가리 p. 106
백묘국 p. 105
베이비세이지 p. 171
보리수나무 p. 170
분홍당아욱 p. 176
붉은인동 p. 64
붉은바위취 p. 51
붓꽃 p. 60
블랙브레드위드 p. 107
빈카메이저 p. 36
사철나무 p. 111
사프란 p. 157/175
산호붓꽃 p. 92/157
서양고추나물 p. 99
속새 p. 103
수국 p. 18
수련 p. 114
스페니쉬블루벨 p. 44
시페루스 p. 117
심피오트리쿰 p. 168
아네모네 p. 53/150
아이리스 p. 70
아주가 p. 73
아칸서스 p. 93/98/140
알프스물망초 p. 68
애기부용 p. 156/198
우단동자꽃 p. 93/95
운향 p. 101
옴벨라툼오니소갈룸 p. 53
유럽개구리밥 P. 114
원산초 p. 18/23
은방울꽃 p. 73
일본동백 p. 21
접시꽃 p. 150
양귀비 p. 208
제라늄 p. 55/198
조팝나무 p. 47
칸나 p. 170/183
큰꿩의비름 p. 155
큰자주달개비 p. 198
튤립 p. 60/168
팜파스그래스 p. 185
패랭이꽃 p. 50
포도히아신스 p. 48
프리지아 p. 47
프리틸라리아멜리그리스 p. 44
필로우토크 p. 60/196
하설초 p. 85
하우스릭 p. 119
학재스민 p. 72/187
헤데리폴리움 p. 155/157/168
호랑가시나무잎 마호니아 p. 25
화이트워터 젓가락나물 p. 85
황금톱풀 p. 107
황매화 p. 62
휴고 신부의 장미 p. 73
히아신스 p. 30/56

나무

라일락 p. 188
모과나무 p. 194
벚나무 월계수 p. 54
서양자두 p. 112
석류나무 p. 106
월계수 p. 50
자엽꽃자두 p. 30/34/108
티피나옻나무 p. 172/173
호랑가시나무 p. 28

야생식물

갈퀴덩굴 p. 68/101
개뽀리뱅이 p. 123
개쑥갓 p. 54
개양귀비 p. 82

까마중 p. 158
달맞이꽃 p. 138
달맞이장구채 p. 195
돌소리쟁이 p. 175
둥근잎제라늄 p. 187
둥근빗살현호색 p. 204
마늘냉이 p. 69
방가지똥 p. 197
봄까치꽃 p. 36
부추속올레라세움 p.125
브리오니카디오이카 p. 81
블랙베리 p. 81/142
빨간별봄맞이꽃 p. 175
사철쑥더부살이 p. 194
사향엉겅퀴 p. 112
살갈퀴 p. 68
서양메꽃 p. 105
서양민들레 p. 84
아라비아자주개자리 p. 202
애기누운주름 p. 134
애기똥풀 p.156
야생 귀리 p. 203
야생 물망초 p. 54
양담쟁이 p. 161/195
여러해살이 야생 방가지똥 p. 112
우단담배풀 p. 23/107
유포르비아 p. 19/88
이탈리아천남성 p. 85/192
일반앵초 p. 25
자주광대나물 p. 36
작은땅빈대 p. 19
참소루쟁이 p. 122
창질경이 p. 203
초롱꽃 p. 91
피카리아 p. 37
향기제비꽃 p. 25
허브로버트 p. 54
허브베니트 p. 203

이끼
균계 p. 192
꼬인이이끼 p. 40
분말깔때기지의 p. 39

버섯
뽕나무버섯 p. 180/182/186
잔나비버섯 p. 182
주머니째진귀버섯 p. 24

새
검은머리딱새 p. 8
검은머리명금 p. 108
굴뚝새 p. 22
까마귀 p. 177
꼬까울새 p. 17/172
노래지빠귀 p. 176
대륙검은지빠귀 p. 62/64/108
박새 p. 153
숲(산)비둘기 p. 155
염주비둘기 p. 109/133
오목눈이 p. 13
오색딱따구리 p. 194
유라시아까치 p. 185
유라시아어치 p. 24
유럽꾀꼬리 p. 120
유럽방울새 p. 68
유럽찌르레기 p. 36
집참새 p. 184
푸른박새 p. 200/201
푸른머리되새 p. 22
홍방울새 p. 75

곤충
(녹색)장미풍뎅이 p. 25/125/141
가라지거품벌레 p. 161
각다귀 p. 55
구리금파리 p. 114
굵은다리딱정벌레 p. 88
꽃등에/흰줄꽃등에 p. 57/154
꽃등에 p. 57
나리딱정벌레 p. 34
노린재 p. 70
녹색군인파리 p. 82
녹색방패벌레 p. 135/157/168
뒤영벌 p. 56
딱정벌레 p. 105
뚱보기생파리 p. 107
렛서사슴벌레 p. 88
로즈메리딱정벌레 p. 47
롱혼딱정벌레 p. 101
말벌딱정벌레 p. 70
멕시코조롱박벌 p. 100
무반점무당벌레 p. 175
바둑판무늬무당벌레 p. 107
바퀴벌레 p. 84
박스버그 p. 89
배벌 p. 124
벌파리 p. 84
별노린재 p. 134/156
보라색땅딱정벌레 p. 139/31
붉은양배추잎벌레 p. 134/141
브리오니아무당벌레 p. 88
사코페이가카나리아 p. 174
아시아말벌 p. 160
아시아무당벌레 p. 48
양배추노린재 p. 137
양집게벌레 p. 92
어리줄풀잠자리 p. 197
어리호박벌 p. 66/98
유럽꽃등에 p. 123
유럽사슴벌레 p. 141/189
유럽쌍살벌 p. 57/137
점박이땅벌 p. 117
줄무늬노린재 p. 137
중베짱이 p. 118/139
참소금쟁이 p. 114
칠성무당벌레 p. 49
풍뎅이 p. 72
프티코프테라 p. 96
항라사마귀 p. 188
호텐토타파리 p. 154
흰반점장미딱정벌레 p. 67/69

곤충 : 나비
나방 p. 31
모예화나비 p. 86
뱀눈나비 P. 159
붉은제독나비 p. 203
산호랑나비 p. 106
여우나방 p. 118
작은노랑밑날개나비 p. 188
제브라호랑나비 p. 124
진홍나방 p. 112
큰배추흰나비 p. 81/141
푸른부전나비 p. 65

곤충 : 잠자리
북방아시아실잠자리 p. 92
수컷 줄무늬잠자리 p. 103
잠자리 p. 119
큰붉은잠자리 p. 85
클럽테일잠자리 p. 116

거미
꽃왕거미 p. 64
돼지거미 p. 49
보육웹거미 p. 70/166
집유령거미 p. 181

기타
가장자리 장식 p. 187
고양이 p. 38/71
괭이 p.127
금붕어 p. 89/142
기압계 p. 162
두꺼비 p. 150
딱정그리마 p. 189
바비큐 p. 69
벽도마뱀 p. 158
붉은큰지렁이 p. 182
뾰족민달팽이 p. 24/169
알주머니 p. 196
온도계 p. 162
유럽고슴도치 p. 151
유럽참개구리 p. 114/116
유럽두꺼비 p. 99
정원 띠달팽이 p. 80
쥐며느리 P. 31
지네 p. 24
큰붉은슬러그 p. 151
큰연못달팽이 p. 69
포켓몬 크로커다일 p. 46
풍향계 p. 162
프티그리 p. 28/80
흑달팽이 p. 25

차례

p. 9 프롤로그
p. 15 **1월**
p. 26 1821. 시골정원
p. 29 **2월**
p. 40 1855. 담장이 있는 정원
p. 45 **3월**
p. 58 1873. 정원 안 주택
p. 61 **4월**
p. 76 1919. 세탁 관리사들의 정원
p. 79 **5월**
p. 94 1936. 꼬마 자크의 정원
p. 97 **6월**
p. 110 1947. 자크 할아버지의 정원
p. 113 **7월**
p. 126 1963. 정원 일지
p. 133 **8월**
p. 146 1968. 모험으로 가득한 정원
p. 149 **9월**
p. 162 정원의 일기예보
p. 167 **10월**
p. 178 1980. 도심의 정원
p. 181 **11월**
p. 190 1996. 추억의 정원
p. 193 **12월**
p. 198 2021. 즐거운 정원
p. 202 에필로그
p. 204 하늘에서 내려다본 정원
p. 206 찾아보기
p. 208 차례
p. 210 참고문헌 & 인터넷 사이트

구획별로 본 모습

1855~1970년 정원
1970~1990년 정원
1990년~현재 정원

참고문헌

Papillons
《나비》
P. Sterry et A. Mackay,
«Nature en poche», Larousse, 2004.

Guide des insectes
《곤충 가이드북 :형태, 서식지, 습성》
W. Ring et W. Dierl,
Delachaux & Niestlé, 1992.

Guide photographique des fleurs sauvages d'Europe
《유럽 야생화 포토 가이드》
Oleg Polunin,
편역 Michel Cuisin,
Delachaux et Niestlé, 1991.

Notes faunistiques
《동물 노트》
Gembloux

인터넷 사이트

Inventaire national du patrimoine naturel
(국립자연유산목록)
inpn.mnhn.fr

Office pour les insectes et leur environnement
(곤충과 그 환경 오피스)
www.insectes.org
www.galerie-insecte.org
www. afl-lichenologie.fr
위키피디아

최근 2년 동안 삽화에 도움을 준 책들

La Tentation du jardin
《정원의 유혹 : 녹색의 즐거움을 키우는 기술에 관한 작은 화집》
Xavier Mouginet,
« Petite philosophie du voyage »,
Transboréal, 2018.

L'Oasis
《오아시스 : 생물다양성 정원의 작은 기원》
Simon Hureau,
Dargaud, 2020.

Le Jardin enchanté de Maria Hofker
《마리아 호프커의 경이로운 정원》
M.-F. Boyer et M. Heuff,
Chêne, 2009.

Éloge des vagabondes
《방랑자의 찬사 : 허브, 나무와 꽃을 통해 발견하는 세상》
Gilles Clément,
Nil éditions, 2002.

Ett hem
《홈 : 칼 라르손의 화집》
Carl Larsson,
met text av Lennart Rudström,
Bonniers Juniorförlag AB, 1984.

1판 1쇄 펴낸날 2022년 11월 25일

글·그림 니콜라스 졸리보 **총괄** 이정욱 **편집·마케팅** 이지선·이정아 **디자인** Design ET
펴낸이 이은영 **펴낸곳** 브론테살롱 **등록** 2022년 9월 22일(제2022-000046호) **주소** 서울시 노원구 동일로 242길 87 2F
전화 02-933-8050 | **팩스** 02-933-8052 **전자우편** reddot2019@naver.com **블로그** http://blog.naver.com/reddot2019
ISBN 979-11-980387-1-5 03520

* 이 책은 말싸미의 815 글꼴을 사용하여 디자인되었습니다.